北方农牧交错带主要草本植物图说

王　堃　吕进英　郭丽珠　等编著

中国农业大学出版社
· 北京 ·

内 容 简 介

本书是一本关于我国北方农牧交错带主要草本植物的图集，是编著者多年来在农牧交错带进行草地植物资源搜集、整理和鉴定的成果。全书收录北方农牧交错带主要草本植物 52 科 197 属 291 种，并配有高清彩图及视频资源，能使读者全面生动地了解我国农牧交错带的植被景观以及该区域的植被利用现状。本书可作为草学、动物科学、植物学、生态学、资源与环境等学科高年级本科生的实践教学教材，也可供从事草业研究的科研工作者使用，亦可为北方农牧交错带各草业相关科研单位和管理部门提供参考。

图书在版编目（CIP）数据

北方农牧交错带主要草本植物图说 / 王堃等编著. —北京：中国农业大学出版社，2020.7
ISBN 978-7-5655-2402-8

Ⅰ. ① 北… Ⅱ. ① 王… Ⅲ. ①农牧交错带–草本植物–北方地区–图集 Ⅳ. ① Q949.408-64

中国版本图书馆 CIP 数据核字（2020）第 142152 号

书　　名 北方农牧交错带主要草本植物图说
作　　者 王　堃　吕进英　郭丽珠　等编著

策划编辑 王笃利　郭建鑫　　**责任编辑** 郭建鑫
封面设计 郑　川
出版发行 中国农业大学出版社
社　　址 北京市海淀区圆明园西路 2 号　　**邮政编码** 100193
电　　话 发行部 010-62733489，1190　　读者服务部 010-62732336
编辑部 010-62732617，2618　　出　版　部 010-62733440
网　　址 http://www.caupress.cn　　**E-mail** cbsszs@cau.edu.cn
经　　销 新华书店
印　　刷 涿州市星河印刷有限公司
版　　次 2020 年 9 月第 1 版　　2020 年 9 月第 1 次印刷
规　　格 787×1 092　　16 开本　　20.5 印张　　510 千字
定　　价 80.00 元

编著人员

主　编　王　堃（中国农业大学）

　　　　吕进英（中国农业大学）

　　　　郭丽珠（中国农业大学）

参　编　黄　顶（中国农业大学）

　　　　刘克思（中国农业大学）

　　　　邵新庆（中国农业大学）

　　　　王开丽（中国农业大学）

　　　　李佳欢（中国农业大学）

序 言

中国北方农牧交错带是我国传统农业区域与畜牧业区域交汇和过渡的地带，其分布斜贯我国东北至西南，是一个独特而重要的产业界面，是典型的复合生态巨系统、生态混沌脆弱区、贫困人口集中区和多民族聚居区，面积约 74 万 km^2，是世界第二大农牧交错带，在我国国民经济发展、生态安全和社会稳定方面发挥着举足轻重的作用。

农牧交错带本身拥有农牧结合的资源和地缘优势，利用得当可使本区成为最具生产潜力的地区。近年来，由于过重的人口压力和资源的不合理利用，该区域已成为我国生态环境受损最为严重的地区，出现了明显的"生态裂谷"。20 世纪 60 年代以来，中国农业大学就已经开始关注该区域的生产、生态问题，在河北承德和张家口坝上地区建有相关实验研究站，这也正是我国北方农牧交错带的最典型的代表区域。经科学技术部批准，我校于 2005 年率先在河北坝上建设了我国第一个农牧交错带国家草地野外站，以观测、研究、示范和育人为己任，开展科学研究和科普教育活动。2008 年以来，我们开始着手建立我国北方农牧交错带资源数据信息库，2015—2019 年组织了北方农牧交错带科学考察活动，历时 50 余天，行程近 3 万 km，获取无人机影像资料 2000 min，采集草地–农田成对土样 1500 余个，制作植物标本近 1000 份，积累了丰富的第一手资料。在此基础上，我们总结编纂了这部《北方农牧交错带主要草本植物图说》，旨在为在该区从事科研、教学、管理和科技推广工作的科技人员，相关专业的在校大学生、研究生，以及广大农牧民朋友献上一本较为实用的工具书。

本书是一本关于我国北方农牧交错带主要草本植物的图集，是编著者在中国农业大学 2019 年教材建设项目以及科学技术部和农业农村部等设立的项目的支持下，多年来在该区域进行草地植物资源搜集、整理和鉴定的成果。全书收录北方农牧交错带主要草本植物 52 科 197 属 291 种，包括草原植物 223 种、农田作物及蔬菜 32 种、栽培牧草及饲料作物 13 种，以及杂草 23 种。植物科、属、种的排序采用植物分类学恩格勒系统。第一章对北方农牧交错带的基本状况进行了概述；其他章节分别介绍为该区常见的草原植物、栽培牧草及饲料作物、农田作物及蔬菜、杂草，为更加方便地识别植物，每种植物均给出了形态特征、分布、生境、用途及饲用价值等基本信息描述，并配以植株整体或细节的高清图片，让读者手拿图集即能进行植物种类的初步识别。此外，本书还附带了农牧交错带影像视频资料（可通过扫描二维码观看），以帮助使用者全面生动地了解我国农牧交错带的植被景观以及该区域的植被利用现状。本书可作为草学、动物科学、植物学、生态学、资源与环境等学科高年级本科生的实践教学参考书，也可供从事草业研究的科研工作者参考使用，亦可为北方农牧交错带各草业相关科研单位和管理部门参考。

本书在编纂过程中，得到了中国农业大学本科生院教材科各位老师的支持，以及中国农业大学动物科技学院、草业科学与技术学院师生们的大力帮助。戎郁萍教授对于部分物种的鉴别给予指导，中国农业大学出版社的王笃利、郭建鑫编辑对本书提出了许多改进的意见，正是在大家的共同努力下，本书才能顺利付梓。本书还参考了大量相关文献资料，在此向有关作者一并表示感谢！

此外，由于受地域、时间、物候期等的影响，加之该区域植物种类丰富，我们所收集到的草本植物种类尚不完全，拍摄的图像也不甚理想，这些既留有遗憾，也为本书留有进步空间，希望广大读者提出宝贵意见，以便再版时修订完善。

编　者

二〇二〇年六月于北京

目录

第一章　北方农牧交错带概说

农牧交错带是指农业区与牧业区之间存在的一个农牧业过渡地带，在这个过渡带内种植业和草地畜牧业在空间上交错分布，时间上相互重叠，一种生产经营方式逐步被另一种生产经营方式所替代。我国的农牧交错带分布较为广泛，如北方农牧交错带、西南半干旱过渡带、西北干旱区绿洲荒漠过渡带等都具农牧交错带的特征。常说的农牧交错带主要是指北方农牧交错带（赵哈林，2002）。我国北方农牧交错带与非洲萨赫勒地区农牧交错带、北美加拿大农牧交错带、俄罗斯干草原农牧交错带是世界上的四大农牧交错带，也是我国面积最大、空间尺度最长的农牧交错带，在我国社会和经济发展中具有举足轻重的地位（叶佳琦，2019；袁宏霞等，2014）。

北方农牧交错带（34° 48′～48° 32′ N，103° 15′～124° 37′ E）位于我国内蒙古高原东南边缘和黄土高原北部，面积 62.1×10^4 km^2，人口约 7.0×10^7 人。该区域为典型的温带半干旱大陆性季风气候，是半湿润区向半干旱区的过渡地带，干旱少雨，年平均温度 0～8℃，年平均降水量 300～450 mm，年降水变率 15%～30%。自然植被自东向西由森林草原带过渡到典型草原带和荒漠草原带，是典型的干草原植被类型。土壤以栗钙土和棕壤为主。大多数地区海拔在 1000 m 以上，地貌复杂多样，以内蒙古高原为主体，草原、山地、沙地、河流和湖泊并存。

一、中国北方农牧交错带的形成

有关中国北方农牧交错带分布格局的形成，学术界一直存在着争议。有学者认为，在北方农牧交错带地区，人们从事家畜放牧已有 3000 多年的历史，农耕也至少有 1500 年的历史，随着各民族势力的消长，农耕文化圈不断向北、向西扩大，畜牧文化圈不断退缩，农牧交错带是两大文化圈在空间上发生推移和交融的结果。也有学者持其他观点，认为史前时期这里曾是发达的原始农业区，后原始农业文化衰落、牧业文化兴起，特别是全新世暖期结束前后（约公元前 4300 年—公元前 3500 年）的气候变化事件，是导致我国原始文化衰落、土地利用方式发生转变、农牧交错带形成的原因，而非历史时期中原农业文化向北扩张到北方游牧文化地区的结果。实际上，这两种截然相反的观点，都各有其依据和道理，它们应该是不同学者从各自视角对社会历史各阶段农牧业发展的认知，但是不可否认的是，气候波动变化和人类活动干扰是北方农牧交错带产生的根本原因。

长期以来，人类农业活动不断把东南部农业耕作界线直接向西、向北推移，催生了北方农牧交错带的形成，究其原因，这种推移与该区农业自然资源和生态环境条件适宜旱作农业有关。换言之，本区自然环境特征符合农牧交错带形成的基本条件，为农区向牧区挤压提供了客观的可能性。此外，农牧交错带在气候上处于东部湿润区与西北干旱区之间的过渡地带，对旱作农业具有决定意义的降水主要来自东亚与南亚夏季风（简称亚洲季风）。亚洲季风在我国大陆进退的迟早、停留时间长短、影响范围大小和强度等在各地和各年之间波动性很大。而本区基本上已处于亚洲季风的尾闾部位，因此农牧交错带降水量的年内和年际变化就更大。

中国北方农牧交错带不仅仅是农、牧两种生产方式的交错分布区，在自然地带上也是半湿润与半干旱、暖温带与温带的连接带，这类环境地带属于生态敏感带。中国北方农牧交错带之所以在环境上具有敏感特征，与这里自然地带的过渡性直接相关。每当全球或一定地区出现环境波动时，气温、降水等要素的改变首先发生在自然带的边缘，这些要素又会引起植被、土壤等发生相应变化，进而推动整个地区从一种自然带属性向另一种自然带属性转变。

农牧交错带的环境敏感特征，不但导致自身自然属性的变化，也会影响人类的经济生活方式。特别是在人类历史的早期，这样的影响几乎对人类经济生活方式起决定性的控制作用，促使人们从一种生产类型转向另一种生产类型。由于农业、牧业生产依托的环境不同，因此随着农牧交错带自然属性的变化，人类首先打破原始农业"一统天下"的局面，在原始农业的基础上萌生了畜牧业，然后逐渐形成了独立于农耕业的畜牧业空间区域，并在其南部边缘与农耕区交错分布，形成了多样化的农牧交错带。

由此可见，畜牧业从农业中分离以及畜牧区的出现是农牧交错带形成的标志。目前的考古研究成果证明，距今 5000 多年前的新石器时代，中国北方是以原始农业占主导地位并辅有采集、渔猎等经济文化类型的区域。在距今 3500～3000 年，畜牧业逐渐从原始农业中分离出来，并伴随马具的应用及骑马民族的诞生而不断扩大空间分布范围，在历史上首次形成以畜牧业占主导地位的经济文化区。由于畜牧业是从原始农业中分离出来的，因此畜牧区的形成与扩展过程，也就是农耕区的退缩过程。自从畜牧业向东、向南甚至向西开始其扩展过程，农耕区在相应方向的退缩始终与之相伴，这样的退缩过程一直持续到汉代。《史记》中记载"龙门、竭石北多马、牛、羊、旃裘、筋角"，这不但明确了农牧交错带的基本走向，而且肯定了长达 1000 余年的农、牧两种生产方式的空间转换过程已经完成。

二、中国北方农牧交错带的界定

自1953年赵松乔提出农牧交错带的概念以来，不同专业的学者对中国北方农牧交错带的概念、范围、指标的认识各不相同，但认为其核心区域是一致的，即为内蒙古高原东南边缘和黄土高原北部，是南部农区向北部牧区的过渡地带。其基本特征为气候干旱、土地利用方式上交错等。它北起大兴安岭西麓呼伦贝尔，向西南延伸，经内蒙古东南、河北、山西北部、内蒙古鄂尔多斯、陕北，直达甘肃南部，是我国东北平原、华北平原和黄河流域农区向内蒙古高原及青藏高原牧区的过渡地带，也是半湿润区向半干旱区和干旱区的过渡地带、农业向牧业的过渡地带。

关于北方农牧交错带的分布和界定，目前国内已有一些研究报道，但认识不尽相同。如朱震达等（1984）认为，中国北方农牧交错带沙漠化地区包括黑龙江嫩江地区的一部分，吉林白城西部，辽宁西北部，内蒙古兴安盟东南、通辽市大部、锡林郭勒盟南部、乌兰察布盟后山、伊克昭盟大部，河北承德北部和张家口地区，山西西北部，陕西榆林地区北部和宁夏东南部。中国种植业区划把包括内蒙古阴山山脉以南至宁夏、陕西、山西、河北、辽宁等地长城沿线的共110个县（市、旗），划为半农半牧的农牧交错区。李世奎等（1988）指出，位于年降水量400 mm等值线附近的内蒙古高原东南缘和黄土高原北部，是我国近代农牧史上的半农半牧交错地带，它位于北部牧区和南部农区之间，把我国东部季风农业区与西北干旱牧业区分开。王静爱等（1988）认为，中国北方农牧交错带是指我国东北、华北农区与天然草地牧区分隔的生态过渡带，即年平均降水量为250～500 mm的半干旱地区，跨越内蒙古、辽宁、河北、山西、陕西、宁夏等8个省（自治区），总面积69×10^4 km^2。李博（1993）认为，我国农牧交错带起源于欧亚大草原，其本质属性是草地生态系统，其中北方农牧交错带的面积按不同的区划，约在40×10^4～81×10^4 km^2。刘良梧等（1998）认为，中国北方农牧交错带，北起大兴安岭西麓的内蒙古呼伦贝尔，向西南延展，经内蒙古、河北北部、山西北部，直至鄂尔多斯、陕西北部，它是季风气候与大陆性气候，湿润区与干旱区，农区与牧区的过渡地带。

根据多年在该区的实地考察和研究经验，在充分参考我国气候区划、种植业区划、沙漠化防治区划及他人研究结果的基础上，赵哈林（2002）将我国北方农牧交错带界定于降水量300～450 mm、降水年变率15%～30%、干燥度1.0～2.0的地域范围内，其走向北起大兴安岭西麓的内蒙古呼伦贝尔盟，向南至内蒙古通辽市和赤峰市，再沿长城经河北北部、山西北部和内蒙古中南部向西南延展，直至陕西北部、甘肃东北部和宁夏南部的交界地带。东南界为黑龙江的龙江、安达和肇州，吉林的乾安和长岭，辽宁的康平、阜新、建平，河北的平泉、丰宁、怀来、怀安，山西的浑源、宁武、五寨，陕西神木、榆林、靖边，甘肃环县，宁夏同心；其西界和北界为内蒙古的陈巴尔虎旗、乌兰浩特、林西、多伦、托克托、鄂托克和宁夏盐池。地理坐标最北为 49°36′ N，最东 124°42′ E，最西 105°45′ E，最南 36°01′ N。整个农牧交错带呈带状分布，其东段较宽，最宽处为科尔沁沙地和松嫩沙地，宽度可达 300 km 及以上；西段较窄，为毛乌素沙地和黄土风沙区，宽为 100～150 km；中段为内蒙古锡林郭勒盟南三旗和河北北部地区，宽 200 km 左右。其行政区划涉及 9 个省 106 个县（市、旗），总面积 654564 km^2（表 1）。但实际上，由于一些县（市、旗）只是部分区域属于农牧交错带，因而实际面积要低于该面积。这里之所以未把年降水量 200～300 mm、干燥度 2～4 的干旱区划入其中，主要是因为该区农田面积很小，且主要分布于川谷地、低洼地或其他具有灌溉条件的地方，该区基本上是没有灌溉就没有农业，旱地作物极难保收，更宜发展草地畜牧业。

近年来，陈全功等（2007）按照牧草生长季对北方农牧交错带范围的影响，对北方农牧交错带进行了进一步的界定和修正。从这些研究结果可以看出，虽然对北方农牧交错带的分布和面积尚有不同认识，但对其大体位置的认识基本是一致的，即我国北方农牧交错带大致沿北方 400 mm 降水等值线走向，主要分布于内蒙古、辽宁、吉林、河北、陕西、山西、宁夏等几个省（自治区）内。

表 1 我国北方农牧交错带所辖地区

地段	所属地区	所含县（市、旗）
东段	内蒙古呼伦贝尔盟	鄂温克旗，新巴尔虎左旗，陈巴尔虎旗，海拉尔，扎兰屯
	内蒙古兴安盟	科尔沁右翼前旗，科尔沁右翼中旗，扎赉特旗，突泉
	内蒙古通辽	奈曼旗，库伦旗，科尔沁左翼中旗，科尔沁左翼后旗，开鲁，通辽，扎鲁特
	黑龙江西南部	肇东，泰来，安达，杜尔伯特，龙江
	吉林西部	双辽，大安，长岭，乾安，镇赉，通榆，前郭尔罗斯，洮南
	辽宁西部	康平，法库，昌图，章武，北票，建平，阜新
	内蒙古赤峰	翁牛特旗，巴林左旗，巴林右旗，林西，敖汉旗，阿鲁科尔沁旗，喀拉沁旗，克什克腾旗
中段	河北北部	围场，隆化，丰宁，沽源，张北，康保，尚义，崇礼，赤城，怀来，阳原，怀安，宣化，万全，涿鹿，蔚县
	内蒙古锡林郭勒盟	多伦县，太仆寺旗，正蓝旗
西段	内蒙古乌兰察布盟	武川，化德，商都，察哈尔右翼前旗，察哈尔右翼中旗，兴和，丰镇，凉城，和林格尔，察哈尔右翼后旗，清水河，集宁，四子王旗
	山西北部	左玉，右玉，五寨，河曲，保德，偏关，神池，大同，阳高，广灵，浑源，怀仁，应县，山阴，天镇
	内蒙古伊克昭盟	达拉特旗，东胜，准格尔旗，伊金霍勒旗，鄂托克前旗，鄂托克后旗，乌审旗

续表

地段	所属地区	所含县（市、旗）
西段	陕西北部	定边，靖边，横山，神木，俯谷，榆林
	甘肃、宁夏	环县，盐池
合计	106县（市、旗）	

（引自：赵哈林等，2002）

三、中国北方农牧交错带的植被概况

我国北方农牧交错带地处森林植被与草原植被的交错过渡地带，原生自然景观为森林与草原植被镶嵌分布或为灌木草原（东北一隅为草甸草原）植被，但由于强烈的人为干扰，大部分地区植被严重退化，多已被次生演替植被所代替（图1）。目前，北方农牧交错带植被大体可分为农田、草原、灌丛和森林等类型，主要的农作物有小麦、玉米、马铃薯、向日葵等，灌丛以人工种植的沙棘、锦鸡儿等为主，林地包括油松林、小叶杨林、刺槐林等人工林植被和残存的侧柏、杜松、蒙古栎、刺柏、油松等天然疏林（陈海和赵云龙，2005）。此外，农牧交错带是生态脆弱带，土地利用方式多样，容易受到外来物种的入侵。

图1　农牧交错带景观

（一）主要农田植被概况

农牧交错带的农田经常由天然草地开垦而来，主要种植有小麦、玉米、燕麦、莜麦、荞麦、稻谷等，还有一些油料作物，如胡麻、油菜、油葵等。蔬菜主要为马铃薯、白菜、甘蓝等，还包括一些设施栽培的地方特色蔬菜，如辣椒、黄瓜、茄子等。此外，农田杂草种类较多，以河北坝上农牧交错带的农田为例，主要科有木贼科、蓼科、藜科、苋科、十字花科、蔷薇科、豆科、旋花科、唇形科、车前科、菊科、禾本科（车晋滇等，2000）。

（二）主要草地植被概况

北方农牧交错带地处半干旱地区，也处森林与草原的过渡带，即疏林草原带。虽然区内降水差异不大，但由于受南北和东西温度差异影响，特别是受非地带性风沙土的影响，区内草地植被空间差异很大。总体上可将该区植被分为疏林草地、灌丛草地、草本植被草地三大类型（赵哈林等，2003）。

1. 疏林草地植被

疏林草地植被是我国北方农牧交错带特有植被类型之一，无论东部沙地还是西部黄土区都有分布，面积 100.29 万 hm^2，占该区草地总面积的 3.17%。疏林草地多以榆属、锦鸡儿属和蒿属植物构成群落的优势种，但其东、西部疏林草地在群落构成上有很大差异。

2. 灌丛草地植被

灌丛草地植被是农牧交错带沙地中的主体植被之一，大量分布在沙地西侧、北侧与干草原接壤的地带以及东侧、南侧的山地中，面积为 721.11 万 hm^2，占该区草地总面积的 22.78%。

3. 草本植被草地

草本植被主要包括草甸草原草本植被和典型草原草本植被，是农牧交错带分布最广、面积最大的一类草地植被，面积达 2343.7 万 hm^2，占该区草地植被总面积的 74.05%。

东段的草本植被主要分布于沙地以外的地区，但沙地内也分布着大面积的低湿草甸和沼泽草地。其中，属于草甸草原的草本植被主要分布于东北三省的西部，植被类型主要有贝加尔针茅草地、线叶菊 + 杂类草草地，以及以羊草为建群种的根茎型禾草地。贝加尔针茅草地分布在缓起伏高平原、缓坡丘陵土层较厚处，属于地带性草地；线叶菊草地分布在低山丘陵上部和顶部的粗骨性土壤上；羊草草地分布于开阔平坦土层深厚肥沃的地区及低洼的沼泽化、盐渍化地区。干草原草本植被主要分布于几大沙地的西侧，主要优势种有大针茅、羊草、百里香、达乌里胡枝子、冷蒿、黄蒿、狗尾草等，其中大针茅群落是其优势群落。沙地中的低湿草地和平缓固定草地的优势草本植物，包括糙隐子草、黄蒿、冰草、羊草、问荆、芦苇、赖草、野古草、苔草等。

中段的河北坝上、丰宁及围场的草甸草原植被与东段的草甸草原植被相似，以贝加尔针茅、羊草、线叶菊为主体，组成羊草 + 线叶菊草甸、贝加尔针茅 + 线叶菊草甸和杂类草草甸，由于气候寒冷，有中旱生禾草羊茅、落草加入。而干草原植被除了大针茅、本氏针茅草地外，过牧草地由冷蒿、蒙古葱、山韭、阿尔泰狗娃花、茵陈蒿、黄蒿、蓖叶蒿、狗尾草、白草、几种冰草及几种披碱草等组成的退化植物群落已占相当比例。在风蚀沙化严重地段，还有褐沙蒿群落存在。低湿地草甸则以马蔺、火绒草、碱茅为主。

西段的地带性草地植被应以大针茅、长芒草为建群种，但目前常见的为百里香、克氏针茅、本氏针茅、冷蒿、铁杆蒿和糙隐子草。在陕北草甸草原，白羊草常成为优势种。

在东部呼伦贝尔、松嫩、科尔沁三大沙地和西部毛乌素沙地中的低湿草甸和沼泽植被，主要由拂子茅、芦苇、羊草、早熟禾、苔草、莎草、野古草、蒲草、马蔺组成。

（三）主要入侵植被概况

在农牧交错带，外来植物的入侵危害日趋严重。基于2009—2012年的野外调查数据，学者发现华北农牧交错带有外来归化种20种（陈超，2013）。其中，禾本科、菊科以及豆科的种类最多（表2）。外来植物更趋向于在受到人为干扰的生境中建植，如撂荒地、农田以及农田和草地的交界面，而在一些天然的生境中种类较少。

表2　华北农牧交错带归化的外来植物目录

科名	植物种类	原产地	引入途径
苋科	尾穗苋	美洲热带	引入蔬菜
	反枝苋	美洲热带	引入蔬菜
桑科	大麻	亚洲中部	引作纤维植物
茄科	曼陀罗	墨西哥	引作药用植物
	苘麻	北美洲	引作纤维植物
锦葵科	野西瓜苗	非洲中部	无意引入
十字花科	芝麻菜	欧洲南部	无意引入
旋花科	圆叶牵牛	美洲热带	引作观赏花卉
菊科	牛膝菊	南美洲	无意引入
	波斯菊	美洲墨西哥	引作观赏花卉
	黄顶菊	南美洲	无意引入
葡萄科	五叶地锦	北美洲	人工引种
漆树科	火炬树	北美洲	引作行道树
豆科	白花草木樨	亚洲西部	引作饲料
	黄香草木樨	亚洲西部	引作饲料
	紫苜蓿	亚洲西部	引作饲料
禾本科	芒麦草	北美洲、欧洲、亚洲寒温带	无意引入
	野燕麦	南欧地中海	无意引入
	光梗蒺藜草	亚洲亚热带	无意引入
	牛筋草	印度	无意引入

（引自：陈超，2013）

四、中国北方农牧交错带的主要生态功能

北方农牧交错带在自然、经济、社会和资源等方面都具有不同于农区和牧区的特点，与传统的农区和牧区相比是一种复合类型，具有相对独立性，同时在地缘、区位和资源方面同农区和牧区相比也具有一定优势，加之地理位置特殊，是我国中东部的生态屏障，其生态安全问题是直接影响我国整个北方经济发展和社会进步的重要因素（秦立刚，2014；孙芳等，2011）。该地带的特殊条件（韩建国等，2004）具体表现为：

（一）生态经济复合结构的互促作用

风沙干旱是农牧交错带的气候特点，生态环境十分脆弱。在整体系统中主要是生态、农牧和经济三个子系统的关系，以种植业为基础，以养殖业为中间关键环节，以加工业为增值手段，以农业生物技术为技术支撑，通过这四者的结合互促效应，实现高值农牧加工品输出及资金的流动和周转。

（二）东西部之间过渡的纽带作用

农牧交错带主体构成部分主要有大兴安岭、科尔沁沙地、黄土高原、青藏高原，过渡性和边际效应明显，具体表现为：①由西部高山高原向东部平原盆地的过渡；②由干旱、半干旱地区向东南湿润地区过渡；③由牧区向农区过渡；④由内陆干旱草原和荒漠草原向暖温带落叶林过渡；⑤由少数民族居住区向汉族集中区过渡；⑥由西北向东北、华北过渡；⑦由人口稀少区向人口密集区过渡；⑧由环境恶劣区向生态环境优良区过渡；⑨由城市化程度低区向城市化程度高区过渡；⑩由西部经济落后地区向东南沿海经济发达地区过渡。

（三）国家生态安全的屏障作用

北方农牧交错带在长城线以北，西北部天然草原带以南，是我国最重要的生态恢复治理地带，是一道华北地区阻隔荒漠向南扩散、沙化东移和南下入侵我国中东部平原农区的重要生态屏障，是一条关系全国生态安全的重要防线。其作为阻止荒漠化向东南扩展的前沿阵地，同时是重要的水源涵养区，在我国具有重要的战略地位，在国家社会、经济发展和环境保护方面具有重要的影响。

（四）能源矿产分布的基地作用

北方农牧交错带是我国能源矿产地的主要分布区，包括煤油气集中分布区、水电站分布区、矿产资源分布区。随着我国西部大开发政策的执行，农牧交错带凭借着重要的能源地分布和丰富充足的矿产资源，必然成为关系我国中西部经济迅猛发展的重地。

（五）农牧系统结构最佳的耦合作用

北方交错带临近我国北方商品粮基地和畜牧业基地，交错带经济的发展，能加速贸易流通。农牧交错带与牧区相比，具有一定的饲料资源优势，本区种植业可以为畜牧业提供稻秆、牧草、粮食等多种饲料；与农区相比，既有一定的草地作依托，又有传统的畜牧业基础。种养结合、舍饲与放牧结合，农牧系统的耦合效应得以充分发挥。同时，农牧交错带作为农区、牧区之间的物质交换和贸易最活跃的地方，能通过市场调节实现农区、牧区的优势互补。

（六）我国经济发展的第二条黄金地带

当前，我国东南沿海是经济发展的黄金地带，农牧交错带在二十世纪初西部大开发战略的实施下，逐步成为我国经济发展的第二条黄金地带。该区周边分布着我国重工业基地、综合性工业基地、棉纺和毛纺工业基地、烟草工业基地、药品加工和食品加工基地。此外，农牧交错带位于中、西部交界处，草地畜牧业和农业生产发展历史悠久，农牧业生产基础好、品种丰富、品质好。目前农畜产品加工发展迅速，不但能够满足当地市场需求，同时满足京、津等周围大、中城市的市场需求，而且农畜产品逐渐销往全国各地。

（七）多民族聚集的区域

在农牧交错带居住着多种民族，体现出了各民族之间的经济、文化交流与融合，该区域的发展直接关系到我国各民族之间的安定团结。该区域的各个民族具有勤劳友善的优良传统，各民族能够和睦相处，对国家社会经济的发展起着积极作用。

五、中国北方农牧交错带的生态现状

北方农牧交错带地处我国东部地区的风、水源头，具有防风固沙、涵养水分、净化江河、防止水土流失的特殊生态作用。拥有丰富的煤炭、石油、天然气和水力电能资源，是国民经济持续发展的能源基地（史德宽等，1999）。北方农牧交错带在我国生态安全、社会稳定和经济发展中具有举足轻重的地位，同时，北方农牧交错带又是生态环境脆弱、环境退化严重的区域。北方农牧交错带 1998—2018 年的植被指数（NDVI）分布特征如图 2 所示。

由于受“重农轻牧”政策导向和长期形成的独特“农业文化”影响以及“重生产、轻生态”的实践观，农牧交错带区域各子系统出现大面积的农田和草地退化现象，退化草地和农田已经被证明是京津地区沙尘暴的源头。同时，农牧交错带生态系统具有明显的不稳定性和敏感性，容易受外来干扰影响而发生变化，往往一个因素的变化或扰动会触发多个因素的“链式”反应，使生态系统发生根本性改变，而且这种改变往往是不可逆的、灾害性的退化（何立环，2014）。最新的研究结果表明，在中国北方农区和牧区之间存在一条东北—西南方向的生态系统服务价值低值区（杨月娟，2019）。从农区、北方农牧交错带到牧区，其损失的生态系统服务价值在空间分布上呈现为抛物曲面的特征，类似于“山谷”的凹陷面。农区和牧区在“山谷”的两侧，而北方农牧交错带在“山谷”的最底部，损失了更多的生态系统服务价值。在供给生态系统服务功能方面，与农区和牧区相比，北方农牧交错带出现的这种现象可被称为“生态裂谷”。值得注意的是，“生态裂谷”不是一个真实的凹面，而是在宏观尺度上生态脆弱性的表现，即北方农牧交错带对外界扰动更为敏感。“生态裂谷”是对北方农牧交错带生态系统服务价值损失的定量评价的结果，是人类长期不合理使用土地资源所形成的“伤疤”，是人地关系紧张的明显表现。

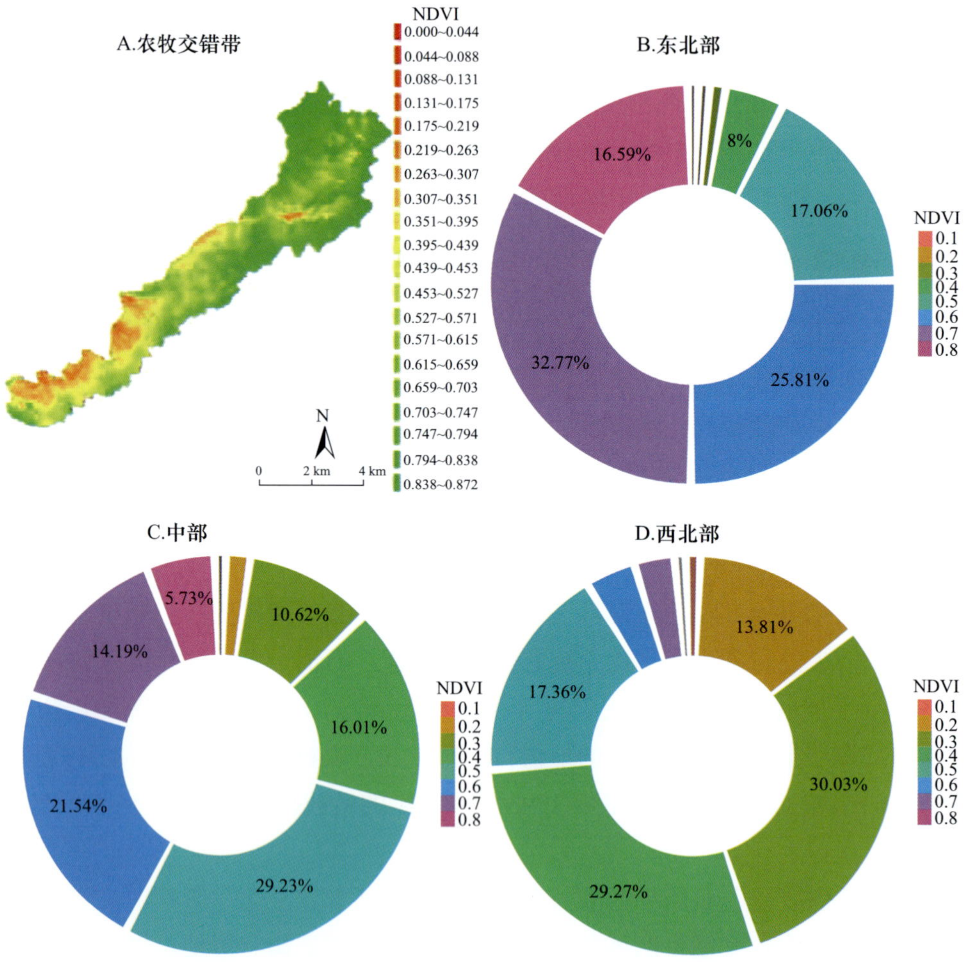

图 2　北方农牧交错带 1998—2018 年 NDVI 分布特征

21 世纪以来，在国家环境保护战略从单纯的污染防治向污染防治与生态并举转换的背景下，农牧交错带地区也成为国家生态保护的重点区域之一。《全国生态脆弱区保护规划纲要》将农牧交错带作为生态环境部生态监管的重要区域；《全国生态功能区划》中，有 8 个重要生态功能区与农牧交错带有关；《全国主体功能区规划》中，有 3 个重点功能区与农牧交错带有关。此外，北方农牧交错带农牧结构失衡、水资源过度开发，发展不可持续的问题越来越突出，资源环境压力越来越大，是当前推进农业结构调整的重点难点。农业农村部近几年发布了《农业部关于北方农牧交错带农业结构调整的指导意见》（农计发〔2016〕96 号）和《2017 年推进北方农牧交错带农业结构调整工作方案》（农办计〔2017〕31 号），推动该区域加快调整农业结构，构建科学合理的农牧业产业新体系、资源利用新模式、生产生态新景观，促进北方农牧交错带农牧业可持续发展。

扫描二维码，通过视频资料学习相关知识，

欣赏农牧交错带美丽风光

第二章　草原植物

一、木贼科

◎ 问荆

学名：*Equisetum arvense* L.

科：木贼科 Equisetaceae

属：木贼属 *Equisetum*

特征：多年生草本。茎直立，孢子茎春季先萌发，高5～35 cm，黄棕色，无轮茎分枝，孢子散后枯萎。营养枝后萌发，高20～60 cm，绿色，轮生分枝向上；孢子囊穗圆柱状，长1.8～4.0 cm。

分布：中国东北、华北、西北、西南；北半球温带有分布。

生境：草甸、林地、湖边和溪旁湿润地。

用途：全株入药；对家畜有毒。

植株

◎ 节节草

学名：*Equisetum ramosissimum* Desf.

科：木贼科 Equisetaceae　　属：木贼属 *Equisetum*

特征：中小型植物。根茎直立，横走或斜升，黑棕色，节和根疏生黄棕色长毛或光滑无毛；地上枝多年生；枝一型，高达 70 cm，灰绿色，主枝多在下部分枝，常形成簇生状，茎中空。鞘齿三角形，灰白色或少数中央为黑棕色，边缘膜质；侧枝较硬，圆柱状，有脊，脊上平滑或有一行小瘤或有浅色小横纹；孢子囊穗短棒状或椭圆形，顶端有小尖突，无柄。

分布：中国东北、华北、西北、华南、西南；日本、朝鲜半岛、印度、蒙古、俄罗斯、非洲、欧洲、北美洲有分布。

生境：海拔 100～3 300 m 的湿地、溪边、海边、水田或农田边。

用途：药用。

植株

二、桑科

◎ 大麻

学名：*Cannabis sativa* L.

科：桑科 Moraceae　　　　**属**：大麻属 *Cannabis*

特征：一年生直立草本，高 1～3 m；枝具纵沟槽，密生灰白色贴伏毛；叶掌状全裂，裂片披针形或线状披针形，表面深绿，微被糙毛，背面幼时密被灰白色贴伏毛，后变无毛，边缘具向内弯的粗锯齿，中脉及侧脉在表面微下陷，背面隆起；叶柄密被灰白色贴伏毛；雄花黄绿色，花被 5，膜质，外面被细贴伏毛；雌花绿色，花被 1，紧包子房，略被小毛；瘦果为宿存黄褐色苞片所包，果皮坚脆，表面具细网纹。花期 5—6 月，果期为 7 月。

分布：中国各地栽培或野生；原产于印度、不丹和中亚，现各国均有野生或栽培种。

生境：喜光照、短日照植物。

用途：茎皮纤维可作纺织和造纸用；种子榨油，可供做油漆、涂料等，油渣可作饲料；果实及花入药，叶可以配制麻醉剂作药用。

植株 1

植株 2

三、檀香科

◎ 百蕊草

学名：*Thesium chinense* Turcz.

科：檀香科 Santalaceae　　**属**：百蕊草属 *Thesium*

特征：多年生柔弱草本，高 15～40 cm；全株多少被白粉，无毛；茎细长，簇生，基部以上疏分枝，斜升，有纵沟；叶线形，顶端急尖或渐尖，具单脉；花单一，腋生；花被绿白色，花被管呈管状，花被裂片，顶端锐尖，内弯；坚果椭圆状或近球形，淡绿色。花期 4—5 月，果期 6—7 月。

分布：中国各地均有分布。

生境：潮湿的小溪边、田野、草甸和沙漠地带边缘、干草原与栎树林的石砾坡地上。

用途：全株药用。

四、蓼科

◎ 拳参

学名：*Polygonum bistorta* L.

科：蓼科 Polygonaceae　　　　**属**：蓼属 *Polygonum*

特征：多年生草本，高 50～90 cm；根状茎肥厚，黑褐色；茎直立，不分枝，通常 2～3 条自根状茎发出；基生叶宽披针形或狭卵形，纸质，边缘外卷；茎生叶披针形或线形，无柄；托叶筒状，膜质，下部绿色，上部褐色；总状花序呈穗状，顶生，长 4～9 cm，花被 5 深裂，白色或淡红色；瘦果椭圆形，褐色，具三棱。花期 6—7 月，果期 8—9 月。

分布：中国东北至西北，江苏、浙江、江西、湖南、湖北、安徽；日本、蒙古、俄罗斯西伯利亚及欧洲也有分布。

生境：草地及草甸、林缘、灌丛。

用途：饲用；根状茎入药。

◎ 叉分蓼

学名：*Polygonum divaricatum* L.

科：蓼科 Polygonaceae　　　　**属**：蓼属 *Polygonum*

特征：多年生草本，高 70～120 cm；茎直立，自基部分枝，分枝开展呈叉状；叶披针形或长圆形，顶端急尖，基部楔形或狭楔形，边缘通常具短缘毛；托叶鞘膜质，开裂或脱落；花序圆锥状，疏松开展；花小，白色或淡黄色；瘦果宽椭圆形，具 3 锐棱，黄褐色，有光泽。花期 7—8 月，果期 8—9 月。

分布：中国东北、华北及内蒙古等地；朝鲜、蒙古、俄罗斯（远东、东西伯利亚）也有分布。

生境：山坡草地、山谷灌丛，是草甸草原和草原群落常见的伴生种。

用途：家畜喜食的青饲料；全株及根均可入药。

花序
植株

◎ 酸模叶蓼

学名：*Polygonum lapathifolium* L.

科：蓼科 Polygonaceae　　**属**：蓼属 *Polygonum*

特征：一年生草本，高 40～90 cm；茎直立，具分枝，无毛，节部膨大；叶披针形或宽披针形，上面常有一个大的黑褐色新月形斑点；总状花序呈穗状，顶生或腋生，近直立，花紧密，通常由数个花穗再组成圆锥状，花序梗被腺体；苞片漏斗状；花被淡红色或白色，4（5）深裂，花被片椭圆形；瘦果宽卵形，双凹，黑褐色，有光泽，包于宿存花被内。花期 6—8 月，果期 7—9 月。

分布：中国南北各省区；朝鲜、日本、蒙古、菲律宾、印度、巴基斯坦及欧洲有分布。

生境：田边、路旁、水边、荒地或沟边湿地。

用途：中等饲草，良好的猪饲料，家畜喜食；果实可入药。

◎ 西伯利亚蓼

学名：*Polygonum sibiricum* Laxm.

科：蓼科 Polygonaceae　　属：蓼属 *Polygonum*

特征：多年生草本，高 10～25 cm；茎外倾或近直立，自基部分枝；叶片长椭圆形或披针形，近肉质，基部戟形或楔形，边缘全缘，托叶鞘筒状，膜质，开裂；花序圆锥状，顶生；花被 5 深裂，黄绿色；瘦果卵形，具 3 棱，黑色。花果期 6—9 月。

分布：中国东北至西北及西南；蒙古、俄罗斯西伯利亚有分布。

生境：路边、河滩、山谷湿地、沙质盐碱地。

用途：中等饲用植物；药用。

植株

五、石竹科

◎ 石竹

学名：*Dianthus chinensis* L.

科：石竹科 Caryophyllaceae　　属：石竹属 *Dianthus*

特征：多年生草本，高 30～50 cm，茎直立，有节，叶对生，叶片线状披针形；花单生或几枚花集成聚伞花序，花萼圆筒形，花瓣 5，紫红色、粉红色、鲜红色或白色，先端不整齐齿裂，喉部有深色的圈纹和须毛。花期 5—6 月，果期 7—9 月。

分布：原产中国北方，现在南北普遍生长。俄罗斯西伯利亚、朝鲜、北美洲也有分布。

生境：草甸草原、山地草原。

用途：观赏植物；药用；饲用。

植株

◎ 瞿麦

学名：*Dianthus superbus* L.

科：石竹科 Caryophyllaceae　　　**属**：石竹属 *Dianthus*

特征：多年生草本，高 50～60 cm。茎丛生，直立，绿色，无毛，上部分枝；叶片线状披针形；花朵顶生或腋生；花萼圆筒形，常染紫红色晕，萼齿披针形；花瓣长 4～5 cm，爪长 1.5～3 cm，包于萼筒内，瓣片边缘丝裂，通常淡紫色。花期 6—9 月，果期 8—10 月。

分布：中国东北、华北、西北及西南部分省区；蒙古、日本、朝鲜、北欧、中欧、俄罗斯西伯利亚也有分布。

生境：草甸、林缘、林下、沟谷溪边。

用途：全草入药；也可作杀虫农药。

花

植株

◎ 草原石头花

学名：*Gypsophila davurica* Turcz. ex Fenzl

科：石竹科 Caryophyllaceae　　**属**：石头花属 *Gypsophila*

特征：多年生草本，高 50～80 cm；茎数个丛生，上部二歧分枝；叶片线状披针形；聚伞花序稍疏散；花瓣 5，淡粉红色或近白色，倒卵状长圆形，顶端微凹或截形；蒴果卵球形。花期 6—9 月，果期 7—10 月。

分布：中国东北、内蒙古、河北；蒙古、俄罗斯（西伯利亚、远东）也有分布。

生境：草原、丘陵、固定沙丘及石砾质干山坡。

用途：幼苗可作猪饲料；根药用。

花

植株

◎ 毛萼麦瓶草（蔓茎蝇子草）

学名：*Silene repens* Patr.

科：石竹科 Caryophyllaceae　　属：蝇子草属 *Silene*

特征：多年生草本，高 15～50 cm，全株被短柔毛；茎疏丛生或单生，不分枝或有时分枝；叶片线状披针形、披针形，两面被柔毛；小聚伞圆锥状花序顶生；花萼筒状棒形，常带紫色，被柔毛；花瓣 5，白色，稀黄白色；蒴果卵形，宿存花萼内。花期 6—8 月，果期 7—9 月。

分布：中国东北、华北、西北，以及四川和西藏。朝鲜、日本、蒙古和俄罗斯（西伯利亚）也有分布。

生境：林下、湿润草地、溪岸或石质草坡。

用途：药用，饲用。

花序

植株

◎ 麦蓝菜（王不留行）

学名：*Vaccaria segetalis*（Miller）Rauschert

科：石竹科 Caryophyllaceae　　属：麦蓝菜属 *Vaccaria*

特征：一年生或二年生草本，高 30～70 cm；全株无毛，微被白粉，呈灰绿色；茎单生，直立，上部分枝；叶片卵状披针形或披针形，基部圆形或近心形，微抱茎；伞房花序稀疏；花萼卵状圆锥形，后期微膨大呈球形，棱绿色，棱间绿白色，近膜质；花瓣淡红色，瓣片狭倒卵形，微凹缺；蒴果宽卵形或近圆球形；种子近圆球形，红褐色至黑色。花期 5—7 月，果期 6—8 月。

分布：中国除华南外各地区均有分布；欧洲和亚洲广布。

生境：草坡、撂荒地或麦田中，为麦田常见杂草。

用途：良等饲用植物；种子入药；观赏植物。

植株

六、藜科

◎ 沙蓬

学名：*Agriophyllum squarrosum*（L.）Moq.

科：藜科 Chenopodiaceae　　**属**：沙蓬属 *Agriophyllum*

特征：一年生草本，植株高 14～60 cm；茎直立，坚硬，浅绿色，具不明显的条棱，幼时密被分枝毛，后脱落；基部分枝，最下部的一层分枝通常对生或轮生，平卧，上部枝条互生，斜展；叶披针形、披针状条形或条形；穗状花序紧密，无梗；苞片宽卵形，先端急缩，具小尖头，后期反折，背部密被分枝毛；花被片膜质；果实卵圆形或椭圆形，幼时在背部被毛，上部边缘略具翅缘。花果期 8—10 月。

分布：中国东北、华北、西北和西藏地区；蒙古和俄罗斯有分布。

生境：沙丘或流动沙丘的背风坡上，为北方沙漠地区常见的沙生植物。

用途：饲用植物，骆驼喜食；固沙先锋植物；种子含丰富淀粉，可食；种子也可作药用。

植株

◎ 西伯利亚滨藜

学名：*Atriplex sibirica* L.

科：藜科 Chenopodiaceae　　　　**属**：滨藜属 *Atriplex*

特征：一年生草本，高 20～50 cm；茎通常自基部分枝，斜伸或外倾，钝四棱形，无色条，有粉；叶片卵状三角形至菱状卵形，边缘具疏锯齿或全缘，上面灰绿色，无粉或稍有粉，下面灰白色，有密粉；团伞花序腋生；苞片连合成筒状，仅顶缘分离，果时鼓胀，表面具多数不规则的棘状突起；胞果扁平，果皮膜质。花期 6—7 月，果期 8—9 月。

分布：中国东北、华北、西北；蒙古、哈萨克斯坦、俄罗斯也有分布。

生境：盐碱化草地及草甸、农田、渠边，撂荒地和村落附近，是农区、半农牧区习见的农田杂草。

用途：中低等饲用植物，青绿时适口性不高，秋季经霜后，羊、牛乐食，幼嫩时可喂猪；果实可入药。

植株

茎叶

◎ 轴藜

学名：*Axyris amaranthoides* L.

科：藜科 Chenopodiaceae　　属：轴藜属 *Axyris*

特征：一年生草本，高 20～80 cm；茎直立，粗壮，微具纵纹，毛后期大部脱落，茎中部以上分枝，纤细，劲直；叶具短柄，顶部渐尖，具小尖头，基部渐狭，全缘，背部密被星状毛，后期秃净，基生叶大，披针形；雄花序穗状，花被裂片 3，狭矩圆形，雄蕊 3，与裂片对生，伸出花被外；雌花花被片 3，白膜质，侧生的两枚花被片大，宽卵形或近圆形，先端全缘或微具缺刻，矩圆形；胞果倒卵形，侧扁，顶端具一冠状附属物，中央微凹。花果期 8—9 月。

分布：中国东北、华北、西北；日本、朝鲜、蒙古、俄罗斯和欧洲也有分布。

生境：山坡、草地、荒地、河边、田间或路旁，喜生于沙质土壤。

用途：低等饲用植物。

植株

◎ 雾冰藜

学名：*Bassia dasyphylla*（Fisch. et Mey.）O. Kuntze

科：藜科 Chenopodiaceae　　　　雾冰藜属 *Bassia*

特征：一年生草本，高 3～50 cm；茎直立，全株密被灰白色的长柔毛，分枝多，开展；叶互生，肉质，圆柱状或半圆柱状条形；花两性，单生或两朵簇生于叶腋，仅一花发育；花被草质，5 浅裂，果时花被背部具 5 个锥状附属物，五角星状。花果期 7—9 月。

分布：中国东北、华北、西北，山东、西藏；俄罗斯和蒙古也有分布。

生境：戈壁、盐碱地，沙丘、草地、河滩、阶地及洪积扇上。

用途：中下等饲草；作薪炭材；全草入药；固沙植物。

植株

◎ 尖头叶藜

学名：*Chenopodium acuminatum* Willd.

科：藜科 Chenopodiaceae　　　　属：藜属 *Chenopodium*

特征：一年生草本，高 20～80 cm；茎直立，多分枝，具条棱及绿色色条，有时色条带紫红色；叶片宽卵形至卵形，茎上部的叶片有时呈卵状披针形，先端急尖或短渐尖，叶片上面无粉，浅绿色，下面稍有粉，灰白色，全缘并具半透明的环边；花两性，8～10 枚，簇生为团伞花序，紧密排列成穗状或圆锥状花序；花被 5 深裂，背部有隆脊，果时呈五角星形状。胞果圆形或卵形。花期 6—7 月，果期 8—9 月。

分布：中国东北，西北、华北、华东。日本、朝鲜、蒙古及俄罗斯、中亚地区也有分布。

生境：盐碱地、荒地、河岸、田边等处。

用途：饲用价值较低，可作猪饲料；种子可榨油。

植株

◎ 刺藜

学名：*Chenopodium aristatum* L.

科：藜科 Chenopodiaceae　　**属**：藜属 *Chenopodium*

特征：一年生草本，高 10～40 cm，全株淡绿色，秋后变紫红色；茎直立，圆柱形或有棱，具色条，分枝多数；叶条形至狭披针形，全缘；复二歧式聚伞花序顶生或生于叶腋，末端的分枝针刺状；花被裂片 5，狭椭圆形，背面稍肥厚，边缘膜质，果时开展；胞果圆形。花期 8—9 月，果期 10 月。

分布：中国东北、西北、华北及山东、河南、四川；亚洲、欧洲及北美洲有分布。

生境：田间、山坡、荒地及退化草地。

用途：全草可入药；幼嫩时家畜采食，中低等饲用植物。

植株

◎ 圆头藜

学名：*Chenopodium strictum* Roth

科：藜科 Chenopodiaceae　　**属**：藜属 *Chenopodium*

特征：一年生草本，高 20～50 cm；茎直立或外倾；叶片卵状矩圆形至矩圆形，先端圆形或近圆形，有时有短突尖，基部宽楔形，上面近无粉，下面有密粉而带灰白色；花两性，花簇生于枝上部排列成穗状圆锥状花序，顶端略带淡紫色；花被裂片 5，倒卵形，背面有微隆脊，边缘膜质。花果期 7—9 月。

分布：中国华北、西北；美洲、欧洲、伊朗及俄罗斯有分布。

生境：山谷、河岸、道旁等处。

用途：畜禽喜食，低等饲用植物。

植株

◎ 猪毛菜

学名：*Salsola collina* Pall.

科：藜科 Chenopodiaceae　　属：猪毛菜属 *Salsola*

特征：一年生草本，高 20～100 cm；茎自基部分枝，有白色或紫红色条纹；叶条状圆柱形，肉质，光滑无毛，顶端有小刺尖；穗状花序，生于枝条上部；花被片，膜质，顶端尖，果时变硬，自背面中上部生鸡冠状突起；胞果倒卵形，果皮膜质。花期 7—9 月，果期 9—10 月。

分布：中国东北、华北、西北、西南，西藏、河南、山东、江苏等地；朝鲜、蒙古、俄罗斯、巴基斯坦也有分布。

生境：田间、村边，路边及荒地。

用途：全草入药；嫩茎、叶可供食用；中等饲用植物。

植株

◎ 角果碱蓬

学名：*Suaeda corniculata*（C. A. Mey.）Bunge

科：藜科 Chenopodiaceae　　**属**：碱蓬属 *Suaeda*

特征：一年生草本，高 15～60 cm；茎直立或平卧、斜升，圆柱形，微弯曲，淡绿色，具微条棱；叶条形，半圆柱状，茎下部的稍弯曲；团伞花序通常含 3～6 花，于分枝上排列成穗状花序，花两性兼有雌性；胞果扁，圆形。花果期 8—9 月。

分布：中国东北、西北，内蒙古、河北等地；中亚及俄罗斯西伯利亚有分布。

生境：盐碱土荒漠、湖边、河滩等处。

用途：低等饲用植物；种子含油，可供食用，制肥皂、油漆、油墨和涂料；植株含碳酸钾，可作多种化工原料。

花序

植株

◎ 碱蓬

学名：*Suaeda glauca*（Bunge）Bunge

科：藜科 Chenopodiaceae　　**属**：碱蓬属 *Suaeda*

特征：一年生草本，高 30～100 cm；茎直立，圆柱状，浅绿色，有纵条纹，上部多分枝；叶丝状条形或半圆柱状，肉质，灰绿色，光滑无毛或被粉粒；团伞花序，花小，球形，草绿色，单生或 2～5 朵团集于叶基部；花被片 5，果时增厚，呈五角星状，干后变黑色。花果期 7—9 月。

分布：中国东北、华北、西北；蒙古、朝鲜、日本、俄罗斯（远东）有分布。

生境：海滨、荒地、渠岸、田边等含盐碱的土壤上。

用途：低等饲用植物；种子榨油制作肥皂和油漆；全株富含碳酸钾，可作化工原料。

植株 1

植株 2

七、苋科

◎ 北美苋

学名：*Amaranthus blitoides* S. Watson

科：苋科 Amaranthaceae　　**属**：苋属 *Amaranthus*

特征：一年生草本，高 15～50 cm；茎大部分伏卧，从基部分枝，绿白色；叶片密生，倒卵形、匙形至矩圆状倒披针形，顶端圆钝或急尖，具细凸尖，尖长达 1 mm，基部楔形，全缘；花为腋生花簇，比叶柄短，有少数花；花被片 4，有时 5，卵状披针形至矩圆披针形，绿色，顶端稍渐尖；柱头 3，顶端卷曲；胞果椭圆形，环状横裂，上面带淡红色，种子卵形，黑色，稍有光泽。花期 8—9 月，果期 9—10 月。

分布：中国辽宁、河北、内蒙古；原产于北美，传播于欧洲和亚洲。入侵植物。

生境：田野、路旁、荒地。

用途：饲用。

植株

八、毛茛科

◎ 水毛茛

学名：*Batrachium bungei*（Steud.）L. Liou

科：毛茛科 Ranunculaceae　　**属**：水毛茛属 *Batrachium*

特征：多年生沉水草本，高 30 cm 以上；叶有短或长柄；叶片轮廓近半圆形或扇状半圆形，3～5 回羽状分裂，再 2～3 回分裂，小裂片近丝形，在水外通常收拢或近叉开；花单生于顶端，直径 1～1.5（～2）cm，花瓣 5，白色，基部黄色，倒卵形，雄蕊 10 余枚；聚合果卵球形。花期 5—8 月。

分布：中国辽宁、江西、江苏、甘肃、青海及四川、云南和西藏。

生境：山谷溪流、河滩积水地、平原湖中或水塘中。

用途：防止水体污染；观赏植物。

植株

◎ 芹叶铁线莲

学名：*Clematis aethusifolia* Turcz.

科：毛茛科 Ranunculaceae　　属：铁线莲属 *Clematis*

特征：多年生草质藤本，茎纤细，长 50～200 cm，有纵沟纹；二至三回羽状复叶或羽状细裂；聚伞花序腋生，1～3 花；苞片羽状细裂，萼片 4 枚，淡黄色或绿黄色，具三条直明显的脉纹，外面疏被柔毛；无花瓣；瘦果多数，宿存花柱，被白色长柔毛。花期 7—8 月，果期 9 月。

分布：中国华北和西北；蒙古、俄罗斯也有分布。

生境：山坡草地、沙地、灌丛、河谷。

用途：全株药用。

植株

◎ 棉团铁线莲

学名：*Clematis hexapetala* Pall.

科：毛茛科 Ranunculaceae　　　　　属：铁线莲属 *Clematis*

特征：多年生直立草本，高 30～100 cm；茎直立；单叶至复叶，叶片近革质绿色，一至二回羽状深裂，裂片线状披针形，长椭圆状披针形至椭圆形，或线形；聚伞花序顶生，通常具 3 枚花，萼片 6，稀 4 或 8，白色，长椭圆形或狭倒卵形，外面密生白棉毛，花蕾时似棉球，无花瓣；瘦果倒卵形，密生柔毛，宿存花柱有灰白色长柔毛。花期 6—8 月，果期 7—10 月。

分布：中国东北、华北，甘肃、陕西；朝鲜、蒙古、俄罗斯西伯利亚也有分布。

生境：山坡草地、灌丛、疏林及固定沙丘。

用途：根药用；也可作为农药。

花

植株

◎ 翠雀

学名：*Delphinium grandiflorum* L.

科：毛茛科 Ranunculaceae　　属：翠雀属 *Delphinium*

特征：多年生草本，高 35～65 cm；茎直立，单叶或分枝；基生叶和茎下部叶有长柄，叶片圆五角形，三全裂，裂片再细裂；总状花序有 3～15 花；下部苞片叶状，其他苞片线形；花梗密被贴伏的白色短柔毛；萼片紫蓝色，花瓣状；退化雄蕊 2，蓝色，具黄色髯毛；种子倒卵状四面体形，沿棱有翅。花期 7—8 月。

分布：中国东北、华北、西南。蒙古及俄罗斯西伯利亚也有分布。

生境：山地草原、草甸、灌丛。

用途：全株有毒，药用植物，可供观赏。

花

植株

◎ 长叶碱毛茛

学名：*Halerpestes ruthenica*（Jacq.）Ovcz.

科：毛茛科 Ranunculaceae　　**属**：碱毛茛属 *Halerpestes*

特征：多年生草本，高 10～20 cm；匍匐茎长达 30 cm 以上；叶簇生，叶片卵状或椭圆状梯形，常有 3 条基出脉，顶端有 3～5 个圆齿，叶柄长 2～14 cm；花葶直立，疏生短柔毛；花瓣黄色，6～12 枚，倒卵形；聚合果卵球形。花果期 5—6 月。

分布：中国东北、华北、西北；蒙古、俄罗斯西伯利亚地区也有分布。

生境：盐碱沼泽地或低湿草地。

用途：观赏；药用。

花

植株

◎ 芍药

学名：*Paeonia lactiflora* Pall.

科：毛茛科 Ranunculaceae　　**属**：芍药属 *Paeonia*

特征：多年生草本，高 40～70 cm；茎直立，茎上部分枝；上部茎生叶为三出复叶，下部茎生叶为二回三出复叶，小叶狭卵形，椭圆形或披针形，顶端渐尖，基部楔形或偏斜，边缘具细齿，两面无毛；花数朵，生茎顶和叶腋，有时仅顶端一朵开放，而近顶端叶腋处有发育不好的花芽；花瓣 9～13，倒卵形，白色。培育的园艺品种花色丰富，花型多变；花丝黄色；蓇葖果纺锤形。花期 5—6 月；果期 8 月。

分布：中国东北、华北、陕西及甘肃；朝鲜、日本、蒙古及俄罗斯西伯利亚地区也有分布。

生境：山坡草地、草甸及林缘、灌丛。

用途：花瓣可食用；根药用；种子可供制皂和涂料用；观赏植物。

◎ 细叶白头翁

学名：*Pulsatilla turczaninovii* Kryl. et Serg.

科：毛茛科 Ranunculaceae　　　　**属**：白头翁属 *Pulsatilla*

特征：多年生草本，高 15～25 cm；基生叶 4～5，有长柄，三回羽状复叶，被白色柔毛；总苞钟形，苞片细裂；花莛直立，被白色柔毛，花单生，下弯，萼片 6，花瓣状，蓝紫色，有长柔毛；无花瓣，雄蕊多数；瘦果纺锤形，密被长柔毛，宿存花柱。花期 5—6 月。

分布：中国东北、华北、宁夏；蒙古、俄罗斯西伯利亚地区有分布。

生境：草原、山地草坡或林边。

用途：观赏植物；根状茎药用。

花

植株

茎叶

◎ 毛茛

学名：*Ranunculus japonicus* Thunb.

科：毛茛科 Ranunculaceae　　　　**属**：毛茛属 *Ranunculus*

特征：多年生草本，高 30～70 cm；茎直立，中空，具分枝，被柔毛；基生叶多数，具长柄，叶片圆心形或五角形，掌状 3 深裂，边缘有粗齿或缺刻；最上部叶线形，全缘，无柄。聚伞花序有多数花，花瓣 5，倒卵状圆形；聚合果近球形，瘦果扁平。花果期 4—9 月。

分布：中国除西藏外，各省区广布；朝鲜、日本、俄罗斯远东地区也有分布。

生境：低湿草甸、沟旁和林缘。

用途：全草入药；观赏植物。

花

植株

◎ 瓣蕊唐松草

学名：*Thalictrum petaloideum* L.

科：毛茛科 Ranunculaceae　　**属**：唐松草属 *Thalictrum*

特征：多年生草本，高 20～80 cm；茎直立，无毛，上部分枝；三至四回三出或羽状复叶；聚伞花序，有少数或多数花；萼片 4，白色，早落；雄蕊多数，花丝白色，棒状，似花瓣；瘦果卵形，宿存花柱长约 1 mm；花期 6—7 月。

分布：中国东北至西北，华中及四川；蒙古、朝鲜、俄罗斯西伯利亚地区也有分布。

生境：草甸草原、山坡草地、沟谷。

用途：良等牧草，家畜喜食。

花

植株

茎叶

◎ 短梗箭头叶唐松草

学名：*Thalictrum simplex* L. var. *brevipes* Hara

科：毛茛科 Ranunculaceae　　属：唐松草属 *Thalictrum*

特征：多年生草本，高 50～100 cm，全株无毛；茎直立，不分枝或在下部分枝，茎生叶向上近直展，为二回羽状复叶，上部叶渐变小，无叶柄茎，下部叶较大，有稍长柄；圆锥花序顶生，分枝与轴成 45 度角；萼片 4，狭椭圆形，淡黄绿色，略带紫色，无花瓣；瘦果狭椭圆球形或狭卵球形。花期 7 月。

分布：中国华北、东北、四川、青海东部、甘肃、陕西、湖北西部；朝鲜、日本也有分布。

生境：平原、低山草地、沟边。

用途：全株可入药。

花序

植株

◎ 展枝唐松草

学名：*Thalictrum squarrosum* Steph.

科：毛茛科 Ranunculaceae　　属：唐松草属 *Thalictrum*

特征：多年生草本，植株全部无毛；根状茎细长，自节生出长须根；茎高60～100 cm，有细纵槽，通常自中部近二歧状分枝；基生叶在开花时枯萎；茎下部及中部叶有短柄，为二至三回羽状复叶；小叶坚纸质或薄革质，边缘通常三浅裂，表面脉常稍下陷，背面有白粉，脉网稍明显；花序圆锥状，近二歧状分枝；萼片4，淡黄绿色，狭卵形，脱落；柱头箭头状；瘦果狭倒卵球形或近纺锤形。7—8月份开花。

分布：中国东北、华北及陕西北部；蒙古，俄罗斯也有分布。

生境：草地、田边或干燥草坡。

用途：药用；饲用；叶含鞣质，可提制栲胶。

叶

植株

◎ 金莲花

学名：*Trollius chinensis* Bunge

科：毛茛科 Ranunculaceae　　属：金莲花属 *Trollius*

特征：一年生或多年生草本，高 30～70 cm；茎直立，不分枝；叶片五角形，掌状三全裂，裂片边缘密生稍不相等的三角形锐锯齿；叶柄基部具狭鞘；花单独顶生或 2～3 朵组成稀疏的聚伞花序；萼片 5 至多数，花瓣状，金黄色；花瓣 5 至多数，狭条形，金黄色，雄蕊多数；蓇葖具稍明显的脉网。6—7 月开花，8—9 月结果。

分布：中国华北、辽宁和吉林；俄罗斯远东地区有分布。

生境：草甸、山地草坡或疏林下。

用途：观赏植物；花入药。

花

植株

九、罂粟科

◎ 细果角茴香

学名：*Hypecoum leptocarpum* Hook. f. et Thoms.

科：罂粟科 Papaveraceae　　**属**：角茴香属 *Hypecoum*

特征：一年生草本，高 4～60 cm，全株略被白粉；茎丛生，多分枝；叶片狭倒披针形，二回羽状深裂；花茎多数，二歧状分枝；花小，排列成二歧聚伞花序，每花具数枚刚毛状小苞片，花瓣淡紫色，外面 2 枚宽倒卵形，先端绿色、全缘、近革质，里面 2 枚较小，3 裂至基部；蒴果直立，圆柱形，两侧压扁。花果期 6—9 月。

分布：中国华北、西北及四川西部、云南西北部、西藏；蒙古和锡金有分布。

生境：山坡、草地、山谷、河滩、砾石坡、沙质地。

用途：全草入药。

植株

◎ 野罂粟

学名：*Papaver nudicaule* L.

科：罂粟科 Papaveraceae　　属：罂粟属 *Papaver*

特征：多年生草本，高 10～60 cm；茎极缩短；叶全部基生，含乳汁，羽状浅裂、深裂或全裂，两面稍具白粉；花葶 1 至数枚，圆柱形，被硬刚毛；花单生，花蕾宽卵形至近球形；花瓣 4，淡黄色、黄色或橙黄色，稀红色；雄蕊多数；蒴果狭倒卵形、倒卵形或倒卵状长圆形。花果期 5—9 月。

分布：中国东北、华北、西北；两半球的高纬度地区及中亚和北美洲等有分布。

生境：山坡草地、林下、林缘。

用途：园林观赏；药用。

植株

果实

花

十、十字花科

◎ 播娘蒿

学名：*Descurainia sophia*（L.）Webb ex Prantl

科：十字花科 Cruciferae　　**属**：播娘蒿属 *Descurainia*

特征：一年生草本，高 20～80 cm；茎直立，分枝多，常于下部呈淡紫色；叶为 3 回羽状深裂；花序伞房状，花瓣黄色，长圆状倒卵形，稍短于萼片，具爪；雄蕊 6 枚，比花瓣长三分之一；长角果圆筒状，稍内曲。花期 4—5 月。

分布：除华南外中国各地均有分布，农田恶性杂草；亚洲、欧洲、非洲及北美洲也有分布。

生境：山坡、田野及农田的较湿润的土壤。

用途：种子含油 40%，工业用油，并可食用；种子亦可药用；春季青草产量较高，适口性较差，牛羊采食。

花序
植株

◎ 花旗杆

学名：*Dontostemon dentatus*（Bunge）Ledeb.

科：十字花科 Cruciferae　　**属**：花旗杆属 *Dontostemon*

特征：二年生草本，高 15～50 cm，植株散生白色弯曲柔毛；茎单一或分枝，叶椭圆状披针形。总状花序生枝顶，花瓣 4，淡紫色，倒卵形，顶端钝，基部具爪；长角果长圆柱形，光滑无毛。花期 5—7 月，果期 7—8 月。

分布：中国东北、华北、安徽、江苏、陕西等地；朝鲜、日本、俄罗斯也有分布。

生境：石砾质山地、山坡、林边及路旁。

用途：饲用。

植株

◎ 葶苈

学名：*Draba nemorosa* L.

科：十字花科 Cruciferae　　　　**属**：葶苈属 *Draba*

特征：一年或二年生草本，高 5～45 cm；茎直立，单一或分枝；基生叶莲座状，边缘有细齿，上面被单毛和叉状毛，下面以星状毛为多；总状花序，有花 25～90 朵，密集成伞房状，萼片椭圆形，背面略有毛；花瓣 4，黄色，花期后呈白色，倒楔形，顶端凹；短角果。花期 3—4 月上旬，果期 5—6 月。

分布：中国东北、华北、华东、西北、西南均有分布；北温带其他地区都有分布。

生境：山坡草地、河谷湿地田边、路旁。

用途：种子入药；种子含油，可供制皂工业用；饲用。

植株

◎ 诸葛菜（二月兰）

学名：*Orychophragmus violaceus*（L.）O. E. Schulz

科：十字花科 Cruciferae　　**属**：诸葛菜属 *Orychophragmus*

特征：一年或二年生草本，高 10～50 cm；茎单一，直立，基部或上部稍有分枝，浅绿色或带紫色；基生叶及下部茎生叶大头羽状全裂；上部叶长圆形或窄卵形，基部耳状，抱茎，边缘有不整齐锯齿；花萼筒状；花紫色、浅红色或褪成白色；花瓣宽倒卵形，密生细脉纹；长角果线形，具 4 棱。花期 4—5 月，果期 5—6 月。

分布：中国东北南部、华北、华中、甘肃、四川等地；朝鲜有分布。

生境：平原、山地、路旁或地边。

用途：嫩茎叶浸泡至无苦味时可炒食；种子可榨油。

植株 1

植株 2

◎ 灰毛庭荠（燥原荠）

学名：*Ptilotricum canescens*（DC.）C. A. Mey.

科：十字花科 Cruciferae　　　　　燥原荠属 *Ptilotricum*

特征：半灌木状草本，高 5～40 cm，基部木质化，全株密被灰色小星状毛，植株灰绿色；茎直立，自基部分枝；叶密生，条形或条状披针形，全缘；花序伞房状顶生，花瓣 4，白色，宽倒卵形；花柱宿存，短角果卵形。花期 6—8 月。

分布：中国黑龙江、华北、西北、青海、西藏；蒙古、俄罗斯西伯利亚也有分布。

生境：干燥石质山坡、草地、草原。

用途：饲用。

植株

花序

◎ 蔊菜

学名：*Rorippa indica*（L.）Hiern.

科：十字花科 Cruciferae　　**属**：蔊菜属 *Rorippa*

特征：一、二年生直立草本，高 20～40 cm；茎单一或分枝，表面具纵沟；叶互生，基生叶及茎下部叶具长柄，叶形多变化，常为大头羽状分裂；茎上部叶片宽披针形或匙形，边缘具疏齿，具短柄或基部耳状抱茎；总状花序顶生或侧生，花小，多数，具细花梗；花瓣 4，黄色，匙形，基部渐狭成短爪，与萼片近等长；长角果线状圆柱形。花期 4—6 月，果期 6—8 月。

分布：中国华北、华东、华南、湖南、江西、陕西、甘肃、四川、云南等；日本、朝鲜、菲律宾、印度尼西亚、印度等也有分布。

生境：路旁、田边、园圃、河边、屋边墙脚及山坡路旁等较潮湿处。

用途：猪、牛、羊的青绿饲料；全草入药。

花序　植株　茎叶

十一、景天科

◎ 瓦松

学名：*Orostachys fimbriatus*（Turcz.）Berger

科：景天科 Crassulaceae　　**属**：瓦松属 *Orostachys*

特征：二年生肉质草本，高 10～20 cm；茎生叶散生，无柄，先端具刺尖头，基生叶早枯；花序总状或圆锥状，紧密；花瓣 5，粉红色，先端具凸尖头；雄蕊 10，与花瓣同长或稍短，花药紫色；蓇葖果，喙细。花期 8—9 月，果期 9—10 月。

分布：中国东北、华北、西北、华东和华中；朝鲜、日本、蒙古、俄罗斯也有分布。

生境：石质坡地和沙砾石地。

用途：中等饲用植物；全草入药。

植株

◎ 费菜（原变型）

学名：*Sedum aizoon* L. f. aizoon

科：景天科 Crassulaceae　　属：景天属 *Sedum*

特征：多年肉质生草本，高 20～50 cm；茎直立，不分枝；叶互生，狭披针形、椭圆状披针形至卵状倒披针形，先端渐尖，基部楔形，边缘有不整齐的锯齿；聚伞花序顶生，多花；花瓣 5，黄色，长圆形至椭圆状披针形，有短尖；蓇葖星芒状排列。花期 6—7 月，果期 8—9 月。

分布：中国东北、华北、西北及长江流域；俄罗斯、蒙古、日本、朝鲜也有分布。

生境：山坡岩石、荒地、疏林及灌丛。

用途：根或全草药用；园林绿化植物；根可以提制栲胶。

植株

花

十二、虎耳草科

◎ 钩齿溲疏

学名：*Deutzia baroniana* Diels

科：虎耳草科 Saxifragaceae　　**属**：溲疏属 *Deutzia*

特征：灌木，高 30～100 cm；老枝灰褐色，花枝具 2～4 叶，具棱，浅褐色，被星状毛；叶纸质，卵状菱形或卵状椭圆形，先端急尖，基部楔形或阔楔形，边缘具不整齐或大小相间锯齿，疏被辐线星状毛；聚伞花序，具 2～3 花或花单生；花瓣白色，倒卵状长圆形或倒卵状披针形，先端圆形，下部收狭，外面被星状毛，花蕾时内向镊合状排列；蒴果半球形，密被星状毛，具宿存萼裂片外弯。花期 4—5 月，果期 9—10 月。

分布：中国辽宁、河北、山西、陕西、山东、江苏和河南；朝鲜有分布。

生境：山坡灌丛中。

用途：观赏。

花

植株

◎ 梅花草

学名：*Parnassia palustris* L.

科：虎耳草科 Saxifragaceae　　**属**：梅花草属 *Parnassia*

特征：多年生草本，高 12～30 cm；基生叶 3 至多数，具柄；叶片卵形至长卵形，偶有三角状卵形，基部近心形，全缘，叶脉 5～7 条，呈弧形；花单生于茎顶，花瓣白色，宽卵形或倒卵形，有 7～13 条脉，带有紫色斑点。花期 7—9 月，果期 10 月。

分布：中国东北、内蒙古、新疆；欧洲、亚洲温带和北美洲也有分布。

生境：潮湿的山坡草地、沟边或河谷地。

用途：饲用；药用。

十三、蔷薇科

◎ 阿尔泰地蔷薇

学名：*Chamaerhodos altaica*（Laxm.）Bge.

科：蔷薇科 Rosaceae　　**属**：地蔷薇属 *Chamaerhodos*

特征：亚灌木，高 5～6 cm；茎多数，平铺地上，形成垫状灌丛，外皮褐色，顶端有老叶的残余，全株有长柔毛及短腺毛；基生叶多数，条形，三深裂；花单生或 3～5 朵成聚伞花序；萼筒筒状，长 3～4 mm，绿色或红紫色，花瓣 5，倒卵形至宽卵形，长 4～5 mm，紫色或粉红色；雄蕊比花瓣短；瘦果长圆形褐色，无毛。花期 5—6 月。

分布：中国内蒙古、河北、新疆等；蒙古、俄罗斯西伯利亚、哈萨克斯坦也有分布。

生境：半荒漠地带的砾石质坡地和丘顶。

用途：羊、马乐食，良等饲用植物。

植株

◎ 星毛委陵菜

学名：*Potentilla acaulis* L.

科：蔷薇科 Rosaceae　　**属**：委陵菜属 *Potentilla*

特征：多年生草本，高 2～15 cm，植株灰绿色，密被星状毛及开展微硬毛，多分枝；基生叶掌状 3 出复叶，小叶片倒卵椭圆形或菱状倒卵形，叶缘有圆钝锯齿；聚伞花序具 2～5 花，稀单生；花瓣 5，黄色、倒卵形，顶端微凹或圆钝；瘦果近肾形。花果期 4—8 月。

分布：中国东北至西北；蒙古、俄罗斯有分布。

生境：山坡草地、多砾石瘠薄的山坡，退化草原的指示植物。

用途：家畜可采食。

植株

◎ 蕨麻（鹅绒委陵菜）

学名：*Potentilla anserina* L.

科：蔷薇科 Rosaceae　　**属**：委陵菜属 *Potentilla*

特征：多年生草本，根的下部长成纺锤形或椭圆形块根；茎匍匐，在节处生根，常着地长出新植株；单数羽状复叶，基生，有小叶 6～11 对，小叶片通常椭圆形，倒卵椭圆形或长椭圆形，边缘有多数尖锐锯齿或呈裂片状，上面绿色，被疏柔毛或脱落几无毛，下面密被紧贴银白色绢毛；单花腋生，花梗长 2.5～8 cm，被疏柔毛；花瓣 5，黄色，倒卵形、顶端圆形，瘦果椭圆形。花期 5—8 月。

分布：中国东北到西北及西南地区广布；欧、亚、美三洲北半球温带，以及南美智利、大洋洲新西兰及塔斯马尼亚岛等地都有分布。

生境：河岸、路边、山坡草地及草甸。

用途：饲用；药用；蜜源；染料；块根可食用。

花

植株

◎ 白萼委陵菜（三出委陵菜 / 白叶委陵菜）

学名：*Potentilla betonicifolia* Poir.

科：蔷薇科 Rosaceae　　属：委陵菜属 *Potentilla*

特征：多年生草本，根粗壮，圆柱形，常木质化；茎直立或上升，高 8～16 cm；基生叶掌状 3 出复叶，小叶片无柄，革质，长圆披针形或卵状披针形，边缘有多数圆钝或急尖粗大锯齿，上面绿色，早期被白色绒毛，以后脱落几无毛，下面密被白色绒毛；聚伞花序圆锥状，多花，疏散，花瓣 5，黄色，倒卵形，顶端圆钝。花果期 5—6 月。

分布：中国东北、华北；俄罗斯、蒙古也有分布。

生境：山坡草地及岩石缝间。

用途：家畜不喜食。

植株

◎ 二裂委陵菜

学名：*Potentilla bifurca* L .

科：蔷薇科 Rosaceae　　**属**：委陵菜属 *Potentilla*

特征：多年生草本或亚灌木，根圆柱形，纤细，木质；花茎直立，高 5～20 cm，密被疏柔毛或微硬毛；单数羽状复叶，小叶片无柄，对生稀互生，椭圆形或倒卵椭圆形，顶端常 2 裂，稀 3 裂，基部楔形或宽楔形，两面绿色，伏生疏柔毛；近伞房状聚伞花序，顶生，疏散；花直径 0.7～1 cm；花瓣 5，黄色，倒卵形，顶端圆钝；瘦果表面光滑。花果期 5—9 月。

分布：中国东北西北、四川；蒙古、俄罗斯、朝鲜有分布。

生境：农田、路边、草甸、灌丛、林缘。

用途：饲用；药用。

植株

◎ 长叶二裂委陵菜（高二裂委陵菜）

学名：*Potentilla bifurca* L. var. *major* Ldb.

科：蔷薇科 Rosaceae **属**：委陵菜属 *Potentilla*

特征：多年生草本或亚灌木；根圆柱形，纤细，木质；植株高大，叶柄，花茎下部伏生柔毛或脱落几无毛；羽状复叶，小叶片无柄，对生稀互生，带形或长椭圆形，顶端圆钝或二裂，基部楔形或宽楔形，两面绿色，伏生疏柔毛；下部叶托叶膜质，褐色，上部茎生叶托叶草质，绿色；近伞房状聚伞花序，顶生，疏散，花朵较大，直径1.2～1.5 cm；花瓣黄色，倒卵形，顶端圆钝；瘦果表面光滑。花果期5—10月。

分布：中国黑龙江、吉林、内蒙古、河北、山西、陕西、甘肃、新疆；欧洲至远东地区。

生境：耕地、路旁、河滩沙地、山坡草地，海拔400～3200 m。

用途：中等饲料植物，羊与骆驼均喜食；幼芽密集簇生，形成红紫色的垫状丛，俗称“地红花”，作药用。

植株

◎ 匍枝委陵菜

学名：*Potentilla flagellaris* Willd. ex Schlecht.

科：蔷薇科 Rosaceae　　属：委陵菜属 *Potentilla*

特征：多年生匍匐草本，匍匐枝长 8～60 cm，被伏生的柔毛；掌状 5 出复叶，小叶边缘有缺刻状大小不等急尖锯齿，两面绿色，被柔毛；花单生，花瓣 5，黄色，顶端微凹或圆钝瘦果长圆状卵形，表面呈泡状突起。花果期 5—9 月。

分布：中国东北至西北大部分省区分布；俄罗斯、蒙古和朝鲜也有分布。

生境：山地林间草甸和河滩草甸。

用途：中等饲用植物；嫩苗也可食用。

植株

◎ 多茎委陵菜

学名：*Potentilla multicaulis* Bge.

科：蔷薇科 Rosaceae 属：委陵菜属 *Potentilla*

特征：多年生草本，根粗壮，圆柱形；花茎多而密集丛生，上升或铺散，长7～35 cm，常带暗红色；单数羽状复叶，小裂片羽状深裂，上面绿色或被白色长柔毛，下面被白色绒毛，基生叶托叶膜质，茎生叶托叶草质；伞房状聚伞花序，初开时密集，花后疏散；花瓣5，黄色，倒卵形或近圆形，顶端微凹。花果期4—9月。

分布：中国东北至西北及西南；俄罗斯、蒙古也有分布。

生境：耕地边、沟谷阴处、向阳砾石山坡、草地及疏林下。

用途：家畜喜食，全株可入药。

植株

◎ 掌叶多裂委陵菜

学名：*Potentilla multifida* L. var. *ornithopoda*（Tausch）Wolf

科：蔷薇科 Rosaceae　　　　**属**：委陵菜属 *Potentilla*

特征：多年生草本，根圆柱形，稍木质化；花茎斜升，稀直立，高 12～40 cm，被柔毛；单数羽状复叶，有小叶 3～5 对，稀达 6 对，排列紧密，形似掌状复叶；小叶片羽状深裂几达中脉，小裂片带形或带状披针形，边缘向下反卷，下面被白色毡毛，沿脉伏生绢状长柔毛；茎生叶 2～3，与基生叶形状相似，唯小叶对数向上逐渐减少；基生叶托叶膜质，茎生叶托叶草质；花序为伞房状聚伞花序，花后花梗伸长疏散；花瓣 5，黄色，倒卵形，顶端微凹，花期 5—8 月。

分布：中国东北到西北及西南地区；广布于北半球欧、亚、美三洲。

生境：山坡草地，沟谷及林缘。

用途：家畜喜食。

花

植株

◎ 朝天委陵菜

学名：*Potentilla supina* L.

科：蔷薇科 Rosaceae　　属：委陵菜属 *Potentilla*

特征：一年生或二年生草本，高 10～35 cm；茎直立或平展、斜升，基部叉状分枝，茎、叶柄和花梗被稀疏长柔毛；奇数羽状复叶，小叶互生或对生，边缘有圆钝或缺刻状锯齿；花单生于茎上部顶端的叶腋，排列成伞房状聚伞花序；花瓣黄色，倒卵形，顶端微凹，与萼片近等长或较短；瘦果长圆形，表面具脉纹。花果期 3—10 月。

分布：中国南北各地广泛分布；北半球温带及部分亚热带地区也有分布。

生境：田边、荒地、河岸沙地、草甸、山坡湿地。

用途：中等饲用植物；全草入药。

花

植株

◎ 轮叶委陵菜

学名：*Potentilla verticillaris* Steph. ex Willd.

科：蔷薇科 Rosaceae　　**属**：委陵菜属 *Potentilla*

特征：多年生草本，高 5～16 cm；茎丛生，直立，被白色绒毛及长柔毛；单数羽状复叶，小叶片羽状深裂或掌状深裂条形，在叶轴上呈假轮生状，叶边缘反卷，上面绿色，沿脉疏被白色长柔毛，下面被白色绒毛；聚伞花序疏散，少花，花瓣 5，黄色，宽倒卵形，顶端微凹。花果期 5—8 月。

分布：中国黑龙江、吉林、内蒙古、河北。俄罗斯西伯利亚、蒙古、朝鲜和日本均有分布。

生境：干旱山坡、河滩沙地、草原及灌丛。

用途：饲用。

◎ 地榆

学名：*Sanguisorba officinalis* L.

科：蔷薇科 Rosaceae　　　　**属**：地榆属 *Sanguisorba*

特征：多年生草本，高 30～120 cm，根粗壮，多呈纺锤形；茎直立，有棱，无毛或基部有稀疏腺毛；叶为单数羽状复叶，有小叶 4～6 对；小叶片有短柄，卵形或长圆状卵形，边缘有多数粗大圆钝稀急尖的锯齿；穗状花序椭圆形，圆柱形或卵球形，花由顶端向下逐渐开放，萼片 4 枚，紫红色；果实包藏在宿存萼筒内，外面有斗棱。花果期 7—10 月。

分布：中国各地均有分布；广布于欧洲、亚洲北温带。

生境：草原、草甸、林缘、灌丛中。

用途：饲用；药用。

植株 1

植株 2

花序

十四、豆科

◎ 斜茎黄耆

学名：*Astragalus adsurgens* Pall.

科：豆科 Leguminosae　　**属**：黄耆属 *Astragalus*

特征：多年生草本，高 20～100 cm；根较粗壮，暗褐色；茎多数，直立或斜上；单数羽状复叶，具 9～25 片小叶，长圆形、近椭圆形或狭长圆形，下面被白色的“丁”字毛；总状花序腋生，长圆柱状、穗状；蝶形花冠，蓝紫色或红紫色；荚果长圆形，顶端具下弯的短喙。花期 6—8 月，果期 8—10 月。

分布：中国东北、华北、西北、西南；俄罗斯、蒙古、日本、朝鲜和北美温带地区都有分布。

生境：草原、草甸、山地灌丛及林缘。

用途：优良牧草、水土保持植物、绿肥植物；种子药用。

植株

花序

◎ 达乌里黄耆

学名：*Astragalus dahuricus*（Pall.）DC.

科：豆科 Leguminosae　　**属**：黄耆属 *Astragalus*

特征：一年生或二年生草本，高 30～60 cm，全株被开展、白色柔毛；茎直立，多分枝，有细棱；奇数羽状复叶；小叶长圆形、倒卵状长圆形或长圆状椭圆形，先端圆或略尖，基部钝或近楔形；总状花序腋生较密，小花 10～20 枚，蝶形花冠紫色；荚果线形，先端喙状，直立，内弯，具横脉。花期 7—9 月，果期 8—10 月。

分布：中国东北、华北；俄罗斯、蒙古也有分布。

生境：草地、农田、荒野、路旁。

用途：全株可作饲料，家畜喜食；绿肥植物。

◎ 乳白黄耆（白花黄耆）

学名：*Astragalus galactites* Pall.

科：豆科 Leguminosae　　**属**：黄耆属 *Astragalus*

特征：多年生草本，高 5～15 cm，根粗壮；茎极短缩，奇数羽状复叶，有 9～37 片小叶；托叶膜质，密被长柔毛；小叶长圆形或狭长圆形，稀为披针形或近椭圆形，下面被白色伏贴毛；花生于基部叶腋，通常 2 花簇生，蝶形花冠，乳白色或稍带黄色，旗瓣狭长圆形，先端微凹，中部稍缢缩，翼瓣较旗瓣稍短，瓣片先端有时 2 浅裂；荚果小，卵形或倒卵形。花期 5—6 月，果期 6—8 月。

分布：中国东北、华北、西北；蒙古俄罗斯及西伯利亚也有分布。

生境：草原沙质土上及向阳山坡。

用途：药用植物；中等饲用植物，荒漠草原带的放牧型牧草。

植株

◎ 草木樨状黄耆

学名：*Astragalus melilotoides* Pall.

科：豆科 Leguminosae　　　　属：黄耆属 *Astragalus*

特征：多年生草本，高 30～50 cm；茎直立或斜生，多分枝，具条棱，被白色短柔毛或近无毛；奇数羽状复叶，小叶 3～7；小叶长圆状楔形或线状长圆形，具极短的柄，两面均被白色细伏贴柔毛；总状花序生多数花，排列稀疏；蝶形花冠白色或粉紫色；荚果宽倒卵状球形或椭圆形，先端微凹，具短喙，背部具稍深的沟，有横纹。花期 7—8 月，果期 8—9 月。

分布：中国北方地区；俄罗斯、蒙古也有分布。

生境：向阳山坡、路旁草地或草甸。

用途：中上等饲草，马、牛等喜食；水土保持植物。

◎ 糙叶黄耆

学名：*Astragalus scaberrimus* Bunge

科：豆科 Leguminosae　　属：黄耆属 *Astragalus*

特征：多年生草本，全株密被白色伏贴毛；地上茎不明显或极短，有时伸长而匍匐；奇数羽状复叶，小叶椭圆形或近圆形；托叶下部与叶柄贴生；总状花序腋生，3～5 花；花冠淡黄色或白色；荚果披针状长圆形，具短喙，背缝线凹入，革质。花期 4—8 月，果期 5—9 月。

分布：中国东北、华北、西北各省区；俄罗斯西伯利亚、蒙古也有分布。

生境：山坡石砾质草地、草原、沙丘及沿河流两岸的沙地。

用途：牛羊喜食的牧草；水土保持植物；药用植物。

植株

◎ 甘草

学名：*Glycyrrhiza uralensis* Fisch.

科：豆科 Leguminosae　　**属**：甘草属 *Glycyrrhiza*

特征：多年生草本，高 30～120 cm；根与根状茎粗壮，直径 1～3 cm，外皮褐色，里面淡黄色，具甜味；全株密被褐色腺点和短柔毛，茎直立，多分枝；单数羽状复叶，小叶卵形、长卵形或近圆形，托叶三角状披针形；总状花序腋生，具多数花，蝶形花冠淡蓝紫色、紫红色、白色或黄色；荚果弯曲呈镰刀状或环状，密集成球，密生瘤状突起和刺毛状腺体；种子暗绿色。花期 6—8 月，果期 7—10 月。

分布：中国东北、华北、西北各省区及山东；蒙古及俄罗斯西伯利亚地区也有分布。

生境：干旱沙地、河岸沙质地、山坡草地及盐渍化土壤。

用途：中等饲用植物，现蕾前和干枯后，骆驼、牛羊采食；根和根状茎可供药用。

花序

植株

◎ 华北岩黄耆

学名：*Hedysarum gmelinii* Ledeb.

科：豆科 Leguminosae　　　　属：岩黄耆属 *Hedysarum*

特征：多年生草本，高 20～30 cm；茎基部仰，向上多分枝；单数羽状复叶，小叶 11～13，小叶片长卵形、卵状长椭圆形或卵状长圆形，上面无毛，下面沿脉被贴伏短柔毛；总状花序腋生，小花 10～25 朵，花冠玫瑰紫色，旗瓣倒卵形，翼瓣线形；荚果 2～3 节，被短柔毛，两侧膨胀，具弯曲的皮刺或无。花期 7—8 月，果期 8—9 月。

分布：中国内蒙古、河北、甘肃和新疆；蒙古、中亚、俄罗斯西伯利亚草原地区也有分布。

生境：沙质或砾石质草原。

用途：牛、马、羊喜食，良等饲用植物。

茎叶

植株

花序

◎ 兴安胡枝子

学名：*Lespedeza daurica*（Laxm.）Schindl.

科：豆科 Leguminosae　　　　**属**：胡枝子属 *Lespedeza*

特征：小半灌木，高 10～50 cm，有时达到 1 m；茎通常稍斜升，单一或数个簇生；老枝黄褐色或赤褐色，幼枝绿褐色，有细棱；羽状三出复叶，小叶长圆形或狭长圆形，有小刺尖，上面无毛，下面被贴伏的短柔毛，顶生小叶较大；总状花序腋生，蝶形花冠白色或黄白色，旗瓣长圆形，中央稍带紫色，闭锁花生于叶腋，结实；荚果小，倒卵形或长倒卵形，先端有刺尖，两面凸起，包于宿存花萼内。花期 7—8 月，果期 9—10 月。

分布：中国东北、华北经秦岭—淮河以北至西南各省区；朝鲜、日本、俄罗斯（西伯利亚）也有分布。

生境：干燥山坡、草地、路旁及沙质地。

用途：优良的饲用植物，幼嫩枝条各种家畜均喜食；绿肥植物；水土保持植物。

◎ 野苜蓿（黄花苜蓿）

学名：*Medicago falcata* L.

科：豆科 Leguminosae **属**：苜蓿属 *Medicago*

特征：多年生草本，高 20～100 cm；茎平卧或上升，圆柱形，多分枝；羽状三出复叶，小叶倒卵形至线状倒披针形，边缘上部 1/4 具锐锯齿，上面无毛，下面被贴伏毛；花序短总状，具花 6～25 枚，稠密；蝶形花冠黄色，荚果镰形，种子卵状椭圆形，黄褐色。花期 6—8 月，果期 7—9 月。

分布：中国东北、华北、西北各地；欧洲、俄罗斯西伯利亚、中亚、蒙古、伊朗有分布，世界各国都有引种栽培，是很好的抗逆性育种材料。

生境：沙质山坡、草原及河岸杂草丛中。

用途：优质的豆科牧草；绿肥植物；蜜源植物。

植株

◎ 花苜蓿（扁蓿豆）

学名：*Medicago ruthenica*（L.）Trautv.

科：豆科 Leguminosae　　属：苜蓿属 *Medicago*

特征：多年生草本，高 20～70（～100）cm；茎平卧或上升，基部多分枝；羽状三出复叶；托叶披针形，小叶形状变化很大，长圆状倒披针形、楔形、线形以至卵状长圆形，边缘在中上部具锯齿，上面近无毛，下面被贴伏柔毛；总状花序，小花 4～15 枚，蝶形花冠黄褐色，中央深红色至紫色条纹；荚果长圆形或卵状长圆形，扁平，具短喙。花期 6—9 月，果期 8—10 月。

分布：中国东北、华北、西北及西南；蒙古、俄罗斯（西伯利亚、远东地区）也有分布。

生境：草原、沙地、河岸及沙砾质土壤的山坡旷野。

用途：优质饲草；绿肥及水土保持植物。

叶

植株

◎ 白花草木犀

学名：*Melilotus albus* Desr.

科：豆科 Leguminosae　　**属**：草木樨属 *Melilotus*

特征：一、二年生草本，高 70～200 cm；茎直立，圆柱形，中空，多分枝；羽状三出复叶；小叶边缘疏生浅锯齿；总状花序细长，腋生，花小，40～100 朵，排列疏松；花冠白色，荚果椭圆形至长圆形，有种子 1～2 粒。花期 5—7 月，果期 7—9 月。

分布：中国东北、华北、西北及西南各地；欧洲地中海沿岸、中东、西南亚、中亚及俄罗斯西伯利亚均有分布，北美洲有栽培。

生境：田边、路旁、盐碱荒地及湿润的沙地。

用途：优良的饲料植物；绿肥、水土保持植物。

植株

花序

叶

◎ 缘毛棘豆

学名：*Oxytropis ciliate* Turcz.

科：豆科 Leguminosae　　属：棘豆属 *Oxytropis*

特征：多年生草本，高 5～20 cm；茎缩短，密丛生，灰绿色；单数羽状复叶，托叶膜质，边缘密被白色或黄色长柔毛，小叶 9～13，两面无毛，仅叶缘疏被长柔毛；短总状花序，3～7 花；苞片宽卵形，近透明，具略凸起的深绿色脉纹，蝶形花冠白色或淡黄色；荚果近纸质，卵形，膨胀，先端具喙。花期 5—6 月，果期 6—7 月。

分布：中国内蒙古、河北（北部）；蒙古也有分布。

生境：山坡、沟谷、田野、路边。

用途：中等饲用植物，牛羊乐食。

植株

◎ 山泡泡（薄叶棘豆）

学名：*Oxytropis leptophylla*（Pall.）DC.

科：豆科 Leguminosae　　**属**：棘豆属 *Oxytropis*

特征：多年生草本，高约 8 cm，全株被灰白毛；茎缩短，单数羽状复叶，小叶 9～13，线形；边缘向上面反卷，上面无毛，下面被贴伏长硬毛；2～5 花组成短总状花序；蝶形花冠紫红色或蓝紫色，旗瓣近圆形；荚果膜质，卵状球形，膨胀，密生短柔毛。花期 5—6 月，果期 6—7 月。

分布：中国东北、华北；蒙古、俄罗斯西伯利亚也有分布。

生境：砾石质丘陵坡地及向阳干旱山坡。

用途：中等饲用植物。

植株

◎ 多叶棘豆（狐尾藻棘豆）

学名：*Oxytropis myriophylla*（Pall.）DC.

科：豆科 Leguminosae　　**属**：棘豆属 *Oxytropis*

特征：多年生草本，高 20～30 cm，全株被白色或黄色长柔毛；茎缩短，丛生。轮生羽状复叶长，小叶 25～32 轮，每轮 4～8 片小叶对生，线形、长圆形或披针形，两面密被长柔毛；总状花序，小花 10 多枚，蝶形花冠淡红紫色；荚果披针状椭圆形，膨胀。果期 7—8 月。

分布：中国东北、华北、陕西及宁夏等地；俄罗斯（东西伯利亚）、蒙古也有分布。

生境：石质山坡、丘陵、草原等。

用途：春季家畜采食；全草入药。

花序
植株

◎ 黄毛棘豆

学名：*Oxytropis ochrantha* Turcz.

科：豆科 Leguminosae　　**属**：棘豆属 *Oxytropis*

特征：多年生草本，茎极缩短，多分枝，全株被丝状黄色长柔毛；轮生或对生羽状复叶，小叶 13～19，对生或 4 片轮生，卵形、长椭圆形、披针形或线形；花多数组成密集圆筒形总状花序；花梗密被黄色长柔毛；苞片披针形，较花萼长，密被黄色长柔毛；蝶形花冠白色或淡黄色；荚果膜质，卵形，膨胀，密被土黄色长柔毛。花期 6—7 月，果期 7—8 月。

分布：中国华北、西北及西藏；蒙古也有分布。

生境：山坡草地或林下。

用途：中等饲用植物。

花序

植株

叶

◎ 砂珍棘豆

学名：*Oxytropis racemosa* Turcz.

科：豆科 Leguminosae　　**属**：棘豆属 *Oxytropis*

特征：多年生草本，高 5～15 cm；茎极缩短，多头；叶及花被长柔毛；轮生羽状复叶，小叶 6～12 轮，每轮 4～6 小叶，有时为 2 对生，小叶长圆形、线形或披针形；顶生总状花序；花萼管状钟形，蝶形花冠红紫色或淡紫红色；荚果膜质，卵状球形，膨胀。花期 5—7 月，果期 6—10 月。

分布：中国东北、华北、陕西、甘肃、宁夏等；蒙古、朝鲜也有分布。

生境：沙荒地、沙丘、沙质坡地及丘陵地区阳坡。

用途：良等牧草，绵羊、山羊、骆驼喜食；全株入药；辅助蜜源作物。

植株

◎ 披针叶野决明（披针叶黄华）

学名：*Thermopsis lanceolata* R. Br.

科：豆科 Leguminosae　　属：野决明属 *Thermopsis*

特征：多年生草本，高 12～40 cm；茎直立或丛生、斜生；单叶互生，3 小叶狭长圆形、倒披针形，叶片通常对折，灰绿色，两面具腺点；总状花序顶生，排列疏松，花冠黄色，龙骨瓣大于翼瓣；荚果线条形扁平。花期 5—7 月，果期 6—10 月。

分布：中国内蒙古、河北、山西、陕西、宁夏、甘肃；蒙古、俄罗斯西伯利亚有分布。

生境：草原、沙丘、河岸和砾滩。

用途：有毒植物，家畜不采食；全株入药。

植株

花

◎ 野火球

学名：*Trifolium lupinaster* L.

科：豆科 Leguminosae　　**属**：车轴草属 *Trifolium*

特征：多年生草本，高 30～60 cm；茎直立，单生，基部无叶；掌状复叶，通常小叶 5 枚；托叶膜质，大部分抱茎呈鞘状，小叶披针形至线状长圆形，被柔毛；头状花序着生顶端和上部叶腋，花冠淡红色至紫红色；花柱丝状，上部弯成钩状；荚果长圆形，膜质，棕灰色。花果期 6—10 月。

分布：中国东北、华北及新疆等地；朝鲜、日本、蒙古和俄罗斯也有分布。

生境：低湿草地、林缘和山坡。

用途：优质豆科饲草，家畜喜食；观赏植物；蜜源植物。

◎ 山野豌豆

学名：*Vicia amoena* Fisch. ex DC.

科：豆科 Leguminosae　　**属**：野豌豆属 *Vicia*

特征：多年生草本，高 30～100 cm，植株被疏柔毛，稀近无毛；茎具棱，多分枝，细软，斜升或攀缘；偶数羽状复叶，几无柄，顶端具卷须；托叶半箭头形，边缘有裂齿；小叶 4～7 对，互生或近对生，椭圆形至卵披针形，上面被贴伏长柔毛，下面被白粉；总状花序腋生，小花 10～30 枚密集着生于花序轴上部；蝶形花冠红紫色、蓝紫色或蓝色花期颜色多变；荚果长圆形。花期 4—6 月，果期 7—10 月。

分布：中国东北、华北、华中、西北；俄罗斯、朝鲜、日本、蒙古亦有分布。

生境：山坡、灌丛或杂木林中。

用途：优良牧草，牲畜喜食；防风、固沙、水土保持及绿肥作物；可作绿篱、荒山、园林绿化；蜜源植物。

◎ 广布野豌豆

学名：*Vicia cracca* L.

科：豆科 Leguminosae　　**属**：野豌豆属 *Vicia*

特征：多年生草本，高 40～150 cm；茎攀缘或蔓生，有棱，被柔毛；偶数羽状复叶，叶轴顶端具卷须；托叶半箭头形或戟形，上部 2 深裂；小叶 5～12 对互生，线形、长圆或披针状线形，全缘；总状花序腋生，花多数，7～20 枚，蝶形花冠紫色、蓝紫色或紫红色；荚果长圆形或长圆菱形，先端有喙。花果期 5—9 月。

分布：广布于中国各省区；欧亚、北美也有分布。

生境：草甸、林缘、山坡、河滩草地及灌丛。

用途：水土保持，绿肥作物；嫩时为牛羊等牲畜喜食的青饲料；蜜源植物。

花序

植株

◎ 歪头菜

学名：*Vicia unijuga* A. Br.

科：豆科 Leguminosae

属：野豌豆属 *Vicia*

植株

特征：多年生草本，高15～150 cm；茎直立或斜升，具棱，疏被柔毛；叶轴末端为细刺尖头；偶见卷须，托叶戟形或近披针形；小叶一对，卵状披针形或近菱形，两面均疏被微柔毛，叶脉明显；总状花序腋生或顶生，蝶形花冠蓝紫色、紫红色或淡蓝色；荚果扁，长圆形，无毛，表皮棕黄色。花期6—7月，果期8—9月。

分布：中国东北、华北、华东、西北、西南；朝鲜、日本、蒙古、俄罗斯也有分布。

生境：山地灌丛、林缘、草地、沟边。

用途：优良牧草、牲畜喜食；嫩时可作蔬菜；全草药用；水土保持及绿肥作物；早春蜜源植物之一。

十五、牻牛儿苗科

◎ 牻牛儿苗

学名：*Erodium stephanianum* Willd.

科：牻牛儿苗科 Geraniaceae　　　**属**：牻牛儿苗属 *Erodium*

特征：多年生草本，高 15～50 cm；茎多数，平卧或斜生，被柔毛；叶对生，二回羽状深裂；基生叶和茎下部叶具长柄，被开展的长柔毛和倒向短柔毛；伞形花序腋生，明显长于叶，每梗具 2～5 花，花瓣 5，淡紫红色；萼片，先端具长芒；蒴果顶端具长喙。花期 6—8 月，果期 8—9 月。

分布：中国华北、东北、西北、四川西北和西藏。俄罗斯、日本、蒙古、哈萨克斯坦、中亚各国、阿富汗和克什米尔地区、尼泊尔亦广泛分布。

生境：山坡、田边、沙质河滩地和草原凹地等。

用途：全草药用；饲用。

花

植株

◎ 鼠掌老鹳草

学名：*Geranium sibiricum* L.

科：牻牛儿苗科 Geraniaceae　　**属**：老鹳草属 *Geranium*

特征：一年生或多年生草本，高 30～70 cm；茎纤细，平卧或上部分枝，具棱槽，被倒向疏柔毛；叶对生，掌状 5 深裂，裂片齿状羽裂或深缺刻；花单生于叶腋，长于叶，萼裂片边缘膜质；花瓣 5，淡紫色或白色，先端微凹或缺刻状，具深色脉纹；蒴果顶端具喙，被柔毛。花期 6—7 月，果期 8—9 月。

分布：中国东北至西北、华中至西南；欧洲、俄罗斯、蒙古、朝鲜、日本也有分布。

生境：林缘、疏灌丛、河谷草甸

用途：中等饲用植物；全草药用。

花

植株

◎ 老鹳草

学名：*Geranium wilfordii* Maxim.

科：牻牛儿苗科 Geraniaceae **属**：老鹳草属 *Geranium*

特征：多年生草本，高 30～50 cm；茎直立，单生，具棱槽，假二叉状分枝，被倒向短柔毛；叶基生和茎生叶对生，基生叶和茎下部叶具长柄，叶片掌状 5～7 深裂，裂片上部具不规则状齿裂；花序腋生和顶生；花瓣白色或淡红色，倒卵形；蒴果被短柔毛和长糙毛。花期 6—8 月，果期 8—9 月。

分布：中国东北、华北、华东、华中、陕西、甘肃和四川；俄罗斯远东、朝鲜和日本也有分布。

生境：低山林下、草甸。

用途：全草供药用。

花

植株

十六、蒺藜科

◎ 骆驼蓬

学名：*Peganum harmala* L.

科：蒺藜科 Zygophyllaceae　　**属**：骆驼蓬属 *Peganum*

特征：多年生草本，高 30～70 cm，无毛；茎直立或开展，由基部多分枝；叶互生，卵形，全裂为 3～5 条形或披针状条形裂片；花单生枝端，与叶对生；花瓣 5，黄白色，倒卵状矩圆形；雄蕊 15，花柱 3；蒴果近球形。花期 5—6 月，果期 7—9 月。

分布：中国宁夏、内蒙古西部、甘肃河西、新疆、西藏（贡噶、泽当）；蒙古、中亚、西亚、伊朗、印度（西北部）、地中海地区及非洲北部也有分布。

生境：荒漠地带干旱草地、绿洲边缘轻盐渍化沙地、壤质低山坡或河谷沙丘。

用途：种子可做红色染料；榨油可供轻工业用；全草入药治关节炎，又可作为杀虫剂。叶子揉碎能洗涤泥垢，代肥皂用。

植株

◎ 蒺藜

学名：*Tribulus terrestris* L.

科：蒺藜科 Zygophyllaceae　　**属**：蒺藜属 *Tribulus*

特征：一年生草本；茎平卧，枝长 20～60 cm，基部分枝；偶数羽状复叶，小叶对生，矩圆形或斜短圆形，被柔毛，全缘；花单生于腋生，花瓣 5，黄色；果由 5 个分果瓣组成，具锐刺、短硬毛和瘤状突起。花期 5—8 月，果期 6—9 月。

分布：中国各地；全球温带地区。

生境：沙地、荒地、山坡、田间、路旁、居民点附近。

用途：青鲜时可做饲料；果实入药。

植株

十七、大戟科

◎ 乳浆大戟

学名：*Euphorbia esula* L.

科：大戟科 Euphorbiaceae　　　　属：大戟属 *Euphorbia*

特征：多年生草本，高 30～60 cm；茎直立，单生或丛生，上部分枝；单叶互生，线状披针形、线形或线状椭圆形，变化较大，全缘；聚伞花序单生于二歧分枝顶端，基部无柄；总苞杯状，边缘 4 裂，裂片半圆形，边缘及内侧具白色柔毛；新月形腺体 4，两角不明显，暗黄色至浅褐色；蒴果三棱状球形。花期 4—6 月，果期 6—8 月。

分布：中国广布（除海南、贵州、云南和西藏外）；欧亚大陆、北美均有分布。

生境：荒坡、沙地、田边、低山坡、路旁等。

用途：有毒植物，根药用。

果实

植株

◎ 狼毒大戟

学名：*Euphorbia fischeriana* Steud.

科：大戟科 Euphorbiaceae　　属：大戟属 *Euphorbia*

特征：多年生草本，高 15～45 cm，根圆柱状，肉质；茎直立，单一不分枝；茎基部叶鳞片状，呈卵状长圆形，向上渐大，茎生叶互生，长圆形，先端圆或尖，基部近平截，无叶柄；总苞叶同茎生叶；花序单生二歧分枝的顶端，无柄；腺体 4，半圆形，淡褐色；雄花多枚，伸出总苞之外；雌花 1 枚，子房密被白色长柔毛；蒴果卵球状，被白色长柔毛；花柱宿存；成熟时分裂为 3 个分果爿。花果期 5—7 月。

分布：中国东北、华北；蒙古和俄罗斯也有分布。

生境：草原、干燥丘陵坡地、多石砾干山坡及阳坡稀疏的松林下。

用途：有毒，根入药；也可制作生物农药。

果实

植株

十八、芸香科

◎ 北芸香

学名：*Haplophyllum dauricum*（L.）G. Don

科：芸香科 Rutaceae　　**属**：拟芸香属 *Haplophyllum*

特征：多年生草本，高 5～25 cm；全株具有特殊的香味；茎的地下部分颇粗壮，木质，地上部分多分枝；单叶互生，小叶条状披针形或狭矩圆形，几乎无柄，灰绿色，两面具腺点；伞房状聚伞花序，顶生；花瓣 5 片，黄色。花期 6—7 月，果期 8—9 月。

分布：中国东北至西北；蒙古、俄罗斯（远东地区）也有分布。

生境：低海拔山坡、草地或岩石旁。

用途：中等饲用植物，家畜乐食。

植株

十九、远志科

◎ 远志

学名：*Polygala tenuifolia* Willd.

科：远志科 Polygalaceae　　**属**：远志属 *Polygala*

特征：多年生草本，高 15～50 cm；主根粗壮，韧皮部肉质；茎丛生或直立、斜升；单叶互生，线形至线状披针形，全缘，反卷；总状花序顶生，少花，稀疏，花瓣 3，紫色，中央花瓣较大，龙骨状，顶端具流苏状缨，侧瓣斜长圆形；蒴果圆形，具狭翅。花果期 5—9 月。

分布：中国东北、华北、西北和华中以及四川；朝鲜、蒙古和俄罗斯也有分布。

生境：草原、山坡、灌丛。

用途：根皮入药；低等饲用植物。

花

二十、凤仙花科

◎ 凤仙花

学名：*Impatiens balsamina* L.

科：凤仙花科 Balsaminaceae

属：凤仙花属 *Impatiens*

特征：一年生草本，高 60～100 cm；茎粗壮，肉质，直立，不分枝或有分枝；叶互生，最下部叶有时对生；叶片披针形、狭椭圆形或倒披针形，边缘有锐锯齿，向基部常有数对无柄的黑色腺体；花单生或 2～3 朵簇生于叶腋，无总花梗，花瓣白色、粉红色或紫色，单瓣或重瓣；花梗密被柔毛；蒴果宽纺锤形。花期 7—10 月。

分布：原产于中国和印度，中国各地庭园广泛栽培。

生境：喜阳光，怕湿，耐热不耐寒，喜向阳的地势和疏松肥沃的土壤。

用途：观赏花卉；茎及种子入药。

植株

二十一、锦葵科

◎ 蜀葵

学名：*Alcea rosea* L.
科：锦葵科 Malvaceae
属：蜀葵属 *Alcea*

特征：二年生直立草本，高达 2 m；茎枝密被刺毛；叶近圆心形，掌状 5～7 浅裂或波状棱角，上面疏被星状柔毛，粗糙，下面被星状长硬毛或绒毛；花腋生，单生或近簇生，排列成总状花序式，花大，直径 6～10 cm，有红、紫、白、粉红、黄和黑紫等色，单瓣或重瓣；果实，果盘状，分果爿近圆形。花期 2—8 月。

分布：中国西南地区有野生种，现在各地广泛栽培；世界各国均有栽培供观赏。

用途：全草入药；观赏植物。

植株

◎ 野西瓜苗

学名：*Hibiscus trionum* L.
科：锦葵科 Malvaceae
属：木槿属 *Hibiscus*

特征：一年生直立或平卧草本，高 25～70 cm，全株被白色星状粗毛；茎柔软，叶二型，下部的叶圆形，不分裂，上部的叶掌状 3～5 深裂；花单生于叶腋，花萼钟形，淡绿色，膜质，三角形，具紫色纵条纹；花淡黄色，内面基部紫色，外面疏被极细柔毛，花药黄色；蒴果长圆状球形，果皮薄，黑色。花期 7—10 月。

分布：中国各地均有分布；世界各地有分布。

生境：平原、山野、丘陵或田埂，是常见的田间杂草。

用途：中等饲用植物，马、羊乐食；全草和果实、种子作药用。

植株

◎ 锦葵

学名：*Malva sinensis* Cavan.

科：锦葵科 Malvaceae

属：锦葵属 *Malva*

特征：二年生或多年生直立草本，高 50～90 cm，分枝多，疏被粗毛；叶圆心形或肾形，具 5～7 圆齿状钝裂片，基部近心形至圆形，边缘具圆锯齿，两面均无毛或仅脉上疏被短糙伏毛；花 3～11 朵簇生，花紫红色或白色，花瓣 5，匙形，先端微缺；果扁圆形。花期 5—10 月。

分布：中国西北、华北、东北、西南均有分布；印度也有分布。

生境：田边、路边、山坡、荒地，我国南北各城市常见的栽培观赏植物。

用途：景观植物。

植株

二十二、瑞香科

◎ 瑞香狼毒

学名：*Stellera chamaejasme* L.

科：瑞香科 Thymelaeaceae　　　　**属**：狼毒属 *Stellera*

特征：多年生草本，高 20～50 cm；根茎木质，粗壮；茎直立，丛生，不分枝，纤细；叶散生，稀对生或近轮生，披针形或长圆状披针形，全缘，叶柄短；花白色、黄色至带紫色，芳香，多花的头状花序，顶生，圆球形；具绿色叶状总苞片；无花梗；花萼筒细瘦；果实圆锥形。花期 4—6 月，果期 7—9 月。

分布：中国北方各省区及西南地区。朝鲜、蒙古、中亚、俄罗斯西伯利亚也有分布。

生境：干燥而向阳的高山草坡、草滩或河滩台地。

用途：有毒植物，根药用；工业提取香料。

植株

二十三、胡颓子科

◎ 沙棘

学名：*Hippophae rhamnoides* L.

科：胡颓子科 Elaeagnaceae　　　　**属**：沙棘属 *Hippophae*

特征：落叶灌木或乔木，高 1～5 m；茎枝棘刺较多，嫩枝褐绿色，老枝灰黑色，粗糙；单叶通常近对生，狭披针形或矩圆状披针形；花先于叶开放，淡黄色；果实圆球形，橙黄色或橘红色。花期 4—5 月，果期 9—10 月。

分布：中国河北、内蒙古、山西、陕西、甘肃、青海、四川西部。

生境：温带的山地阳坡、谷地，多砾石或沙质土壤，黄土。

用途：中等饲用植物，幼嫩的枝叶，牛羊采食；果实食用。

植株
叶

二十四、堇菜科

◎ 紫花地丁

学名：*Viola philippica* Cav.

科：堇菜科 Violaceae　　**属**：堇菜属 *Viola*

特征：多年生草本，无地上茎，高 4～14 cm，果期高可达 20 cm；根状茎短，淡褐色，节密生，有数条淡褐色或近白色的细根；叶基生，莲座状；下部叶片常较小，上部叶片较长；花中等大，紫堇色或淡紫色，稀呈白色，喉部色较淡并带有紫色条纹；花梗通常多数，细弱；花瓣倒卵形或长圆状倒卵形，侧方花瓣内有须毛或无毛，下方花瓣内有紫色脉纹；蒴果长圆形，无毛。花果期 4 月中下旬至 9 月。

分布：中国东北、华北、西北、华中、西南等地；朝鲜、日本、俄罗斯有分布。

生境：田间、荒地、山坡草丛、林缘或灌丛中，或庭院较湿润处。

用途：全草供药用；嫩叶可作野菜；可作早春观赏花卉。

植株

二十五、杉叶藻科

◎ 杉叶藻

学名：*Hippuris vulgaris* L.

科：杉叶藻科 Hippuridaceae　　　**属**：杉叶藻属 *Hippuris*

特征：多年生水生草本，高 8～150 cm；全株光滑无毛；茎直立，常带紫红色，上部不分枝，下部合轴分枝，有匍匐白色或棕色肉质根茎，节上生多数纤细棕色须根；叶条形，轮生，两型，无柄；沉水中的根茎粗大，圆柱形，茎中具多孔隙贮气组织，白色或棕色，节上生多数须根；露出水面的根茎较沉水叶根茎细小，茎中空隙少而小；花细小，两性，稀单性；小坚果，卵状椭圆形。花期 4—9 月，果期 5—10 月。

分布：中国东北、内蒙古、华北北部、西北、台湾、西南、西藏等；全世界均有分布。

生境：池沼、湖泊、溪流、江河两岸等浅水处，稻田内等水湿处。

用途：作猪、禽类及草食性鱼类的饲料。

植株

二十六、伞形科

◎ 红柴胡

学名：*Bupleurum scorzonerifolium* Willd.

科：伞形科 Umbelliferae　　属：柴胡属 *Bupleurum*

特征：多年生草本，高 30～60 cm；主根发达，深红棕色；茎直立单一，茎上部有多回分枝，略呈“之”字形弯曲，基部具毛刷状的叶鞘残留纤维；叶细线形，质厚，稍硬挺，常对折或内卷，具有近似平行的叶脉；复伞形花序，伞幅 5～19，小伞形花序有 8～12 朵；花瓣 5，黄色。花期 7—8 月，果期 8—9 月。

分布：中国东北。华北、西北、华东；蒙古、朝鲜、日本、俄罗斯（西伯利亚、远东）也有分布。

生境：草原及向阳山坡、灌木林边缘。

用途：春、夏两季家畜喜食；根药用。

花

植株

◎ 田葛缕子

学名：*Carum buriaticum* Turcz.

科：伞形科 Umbelliferae　　属：葛缕子属 *Carum*

特征：多年生草本，高 50～80 cm；根圆柱形；茎直立，自下部分枝；基生叶及茎下部叶，3～4 回羽状分裂，茎上部叶通常 2 回羽状分裂，末回裂片条形，叶鞘边缘白色膜质；复伞形花序，伞幅 8～12；花瓣 5，白色；果实长卵形。花果期 5—10 月。

分布：中国东北、华北、西北、西藏、四川；蒙古、俄罗斯也有分布。

生境：田边、路旁、河岸、林下及山地草丛中。

用途：优等饲用植物；根药用；制作香料，提取挥发油。

◎ 毒芹

学名：*Cicuta virosa* L.

科：伞形科 Umbelliferae　　**属**：毒芹属 *Cicuta*

特征：多年生粗壮草本，高 70～100 cm；主根短缩，支根多数，肉质或纤维状，褐色；茎单生，直立，圆筒形，中空，有条纹，上部有分枝，枝条上升开展；叶鞘膜质，抱茎；叶片轮廓呈三角形或三角状披针形，2～3 回羽状分裂；复伞形花序顶生或腋生，伞幅 6～25，近等长；小伞形花序有花 15～35；萼齿明显，卵状三角形；花瓣白色，倒卵形或近圆形，顶端有内折的小舌片，中脉 1 条；分生果近卵圆形。花果期 7—8 月。

分布：中国东北、华北、西北等；俄罗斯远东地区、蒙古、朝鲜、日本有分布。

生境：林下、湿地或水沟边。

用途：剧毒植物之一，家畜误食，会立即中毒死亡；根药用。

植株

◎ 硬阿魏（沙茴香）

学名：*Ferula bungeana* Kitagawa

科：伞形科 Umbelliferae　　属：阿魏属 *Ferula*

特征：多年生草本，高 30～60 cm，植株被密集的短柔毛，蓝绿色；茎细，单一，从下部向上分枝成伞房状，2～3 回分枝，下部枝互生，上部枝对生或轮生；基生叶莲座状，叶片 2～3 回羽状全裂，小裂片顶端具细尖，被密集的短柔毛，灰蓝色，肥厚，不早枯；茎生叶少而向上简化，叶片 1～2 回羽状全裂；复伞形花序顶生，伞幅开展，不等长；无侧生花序；花瓣 5，黄色，椭圆形或广椭圆形，顶端渐尖，向内弯曲；分生果广椭圆形，背腹扁压，果棱突起。花期 5—6 月，果期 6—7 月。

分布：中国东北、华北、西北等省区；蒙古也有分布。

生境：沙丘、沙地、戈壁滩、旱田、路边以及砾石质山坡上。

用途：根供药用；饲用。

植株

花序

花

◎ 防风

学名：*Saposhnikovia divaricata*（Trucz.）Schischk.

科：伞形科 Umbelliferae　　**属**：防风属 *Saposhnikovia*

特征：多年生草本，高 30～80 cm；根粗壮，细长圆柱形，淡黄棕色；茎直立，二歧式分枝，多数，有细棱；叶片卵形或长圆形，2～3 回羽状深裂至全裂，灰绿色；复伞形花序多数，伞幅 5～7，小伞形花序有花 4～10；花小，花瓣 5，倒卵形，白色；双悬果狭圆形或椭圆形，幼时有疣状突起。花期 8—9 月，果期 9—10 月。

分布：中国东北至西北等省区；蒙古、朝鲜、俄罗斯有分布。

生境：草原、丘陵、多砾石山坡。

用途：根供药用；饲用。

植株

二十七、报春花科

◎ 点地梅

学名：*Androsace umbellata*（Lour.）Merr.

科：报春花科 Primulaceae　　　　　　属：点地梅属 *Androsace*

特征：一年生或二年生草本，主根不明显，具多数须根；叶全部基生，平铺地面；叶片近圆形或卵圆形，边缘具三角状钝牙齿，两面均被贴伏的短柔毛；花葶通常数枚自叶丛中抽出，高 4～15 cm，被白色短柔毛；伞形花序 4～15 花，花冠白色，喉部黄色；蒴果近球形，果皮白色，近膜质。花期 2—4 月；果期 5—6 月。

分布：中国东北、华北和秦岭以南各省区；朝鲜、日本、菲律宾、越南、缅甸、印度均有分布。

生境：林缘、草地和疏林下。

用途：全草入药；中等饲用植物。

植株

◎ 海乳草

学名：*Glaux maritima* L.

科：报春花科 Primulaceae　　属：海乳草属 *Glaux*

特征：多年生草本，茎高 3～25 cm，直立或下部匍匐，节间短，通常有分枝；叶近于无柄，交互对生或有时互生，间距极短，上部叶肉质，线形、线状长圆形或近匙形，先端钝或稍锐尖，基部楔形，全缘；花单生于茎中上部叶腋，花萼钟形，白色或粉红色，花冠状，无花瓣；蒴果卵状球形。花期 6 月，果期 7—8 月。

分布：中国东北至西北及长江流域；北半球温带地区有分布。

生境：轻度盐碱化的低湿草甸及河漫滩盐碱地。

用途：小家畜喜食，中等饲用价值。

植株

◎ 箭报春

学名：*Primula fistulosa* Turkev.

科：报春花科 Primulaceae　　属：报春花属 *Primula*

特征：多年生草本；根状茎极短，具多数须根；叶基生，莲座状，叶片矩圆形至矩圆状倒披针形；花葶粗壮，中空，呈管状；伞形花序通常多花，密集呈球状；花冠玫瑰红色或红紫色，高脚碟状，裂片 5，倒卵形，先端 2 深裂；蒴果球形。花期 5—6 月。

分布：中国东北及内蒙古（大兴安岭、锡林郭勒盟东南部）；蒙古和俄罗斯远东地区也有分布。

生境：低湿草甸和富含腐殖质的沙质草地。

用途：景观植物，早春家畜采食。

植株

二十八、白花丹科

◎ 二色补血草

学名：*Limonium bicolor*（Bag.）Kuntze

科：白花丹科 Plumbaginaceae　　**属**：补血草属 *Limonium*

特征：多年生草本，高 20～50 cm；叶基生，匙形至长圆状匙形，先端通常圆或钝，基部渐狭成平扁的柄；伞房状圆锥花序多回分枝，花萼漏斗状，干膜质，萼檐初时淡紫红或粉红色，后来变白；花冠黄色。花期 5—7 月，果期 6—8 月。

分布：中国东北、华北及黄河流域各省区和江苏北部；蒙古、俄罗斯西伯利亚也有分布。

生境：生典型草原、沙质草原、内陆盐碱土上，是盐碱土的指示植物。

用途：观赏及药用。

植株

花序

二十九、龙胆科

◎ 达乌里秦艽（达乌里龙胆）

学名：*Gentiana dahurica* Fisch.

科：龙胆科 Gentianaceae　　**属**：龙胆属 *Gentiana*

特征：多年生草本，高 10～20 cm，全株光滑无毛，基部被枯存的纤维状叶鞘包裹，须根多条；茎斜升；莲座丛叶披针形；聚伞花序顶生及腋生，排列成疏松的花序；花冠钟状，深蓝色，有时喉部具多数黄色斑点；雄蕊着生于冠筒中下部，整齐，花丝线状钻形，花药矩圆形；蒴果内藏，无柄，狭椭圆形。花果期 7—9 月。

分布：中国西北、华北、东北及四川等地；蒙古、俄罗斯有分布

生境：田边、路旁、河滩、湖边沙地、水沟边、向阳山坡及干草原等地。

用途：中等饲用植物；全株可入药。

◎ 鳞叶龙胆

学名：*Gentiana squarrosa* Ledeb.

科：龙胆科 Gentianaceae　　**属**：龙胆属 *Gentiana*

特征：一年生草本，高 2～8 cm；茎细弱，多分枝，枝铺散，斜升；叶对生，基部合生，先端具芒尖，反卷；花多数，单生于小枝顶端；花梗黄绿色或紫红色，花萼倒锥状筒形，裂片 5，外反，绿色，具短小芒尖；花冠蓝色，筒状漏斗形，裂片 5，褶卵形，全缘或边缘有细齿。花果期 4—9 月。

分布：中国东北、华北、西北、华中、华东等地；锡金、俄罗斯、蒙古、朝鲜、日本也有分布。

生境：山地草原、草甸、河滩、荒地、路边、灌丛。

用途：劣等饲用植物，家畜不喜食；全株入药。

植株

花

三十、萝藦科

◎ 鹅绒藤

学名：*Cynanchum chinense* R. Br.
科：萝藦科 Asclepiadaceae
属：鹅绒藤属 *Cynanchum*

特征：多年生缠绕草本，具乳汁；茎多分枝，全株被短柔毛；叶对生，薄纸质，宽三角状心形，叶面深绿色，叶背苍白色；伞形聚伞花序腋生，两歧；花冠辐射状5深裂，白色；副花冠杯状，膜质；蓇葖果细圆柱状，单生，偶有双生。花期6—8月，果期8—10月。

分布：中国东北、华北、西北，华东和华中；蒙古也有分布。

生境：山坡灌木丛中、路旁、河畔、田埂边。

用途：全株药用。

植株

◎ 地梢瓜

学名：*Cynanchum thesioides*（Freyn）K. Schum.

科：萝藦科 Asclepiadaceae　　**属**：鹅绒藤属 *Cynanchum*

特征：多年生草本，高 10～30 cm，全株具乳汁；地下茎横走，茎自基部多分枝；叶对生或近对生，线形，两面被短硬毛；伞形聚伞花序腋生；花冠辐状，绿白色，5 深裂；副花冠杯状；蓇葖纺锤形。花期 5—8 月，果期 8—10 月。

分布：中国东北、华北、西北及华东等省区；朝鲜、蒙古和俄罗斯也有分布。

生境：草地、山坡、沙丘或干旱山谷、荒地、田边等处。

用途：药用；全株含橡胶、树脂，可作工业原料；幼果可食用。

植株

三十一、茜草科

◎ 蓬子菜

学名：*Galium verum* L.

科：茜草科 Rubiaceae　　**属**：拉拉藤属 *Galium*

特征：多年生草本，高 25～45 cm；茎直立或斜生，具 4 纵棱，被短柔毛或秕糠状毛；叶纸质，线形，边缘反卷，6～10 片轮生；聚伞圆锥花序顶生和腋生，较大，多花；花小，稠密，花冠黄色，辐状，4 裂片。花期 4—8 月，果期 5—10 月。

分布：中国东北、华北、西北及长江流域、四川、西藏等；北半球温带地区均有分布。

生境：山地、河滩、旷野、沟边、草地、灌丛或林下。

用途：低等饲用植物；全草可入药。

三十二、旋花科

◎ 银灰旋花

学名：*Convolvulus ammannii* Desr.

科：旋花科 Convolvulaceae　　**属**：旋花属 *Convolvulus*

特征：多年生草本，高 2～10（～15）cm；根状茎短，木质化；茎少数或多数，平卧或上升，枝和叶密被贴生稀半贴生银灰色绢毛；叶互生，线形或狭披针形，先端锐尖，基部狭，无柄；花单生枝端，花冠小，漏斗状，5 浅裂，淡玫瑰色或白色带紫色条纹；蒴果球形，2 裂。花果期 7—8 月。

分布：中国东北至西北及青藏高原；朝鲜、蒙古、俄罗斯也有分布。

生境：干旱山坡草地或路旁。

用途：低等饲用植物，山羊喜食；全草入药。

植株

花

三十三、紫草科

◎ 大果琉璃草

学名：*Cynoglossum divaricatum* Stephan ex Lehmann

科：紫草科 Boraginaceae　　　　**属**：琉璃草属 *Cynoglossum*

特征：多年生草本，高 25～100 cm；茎直立，中空，具肋棱，由上部分枝，分枝开展，被向下贴伏的柔毛；基生叶和茎下部叶长圆状披针形或披针形，灰绿色，上下面均密生贴伏的短柔毛；茎中部及上部叶无柄，狭披针形，被灰色短柔毛；圆锥花序顶生及腋生，花稀疏；花冠 5 裂，蓝紫色或红紫色，裂片卵圆形，先端微凹；小坚果卵形，密生锚状刺。花期 6—7 月，果实 8 月成熟。

分布：中国西北、华北和东北；蒙古及俄罗斯西伯利亚也有分布。

生境：山坡、草地、沙丘、石滩及路边。

用途：根入药。

植株

花

◎ 北齿缘草

学名：*Eritrichium borealisinense* Kitag.

科：紫草科 Boraginaceae　　属：齿缘草属 *Eritrichium*

特征：多年生草本，高 15～40 cm，全株密被刚毛；茎丛生；茎生叶倒披针形或披针形，缘毛明显或不明显；聚伞花序顶生，分枝 2～4 个；花冠蓝色，钟状辐形，5 裂，裂片倒卵形或近圆形；小坚果近陀螺状，密布小疣突和刚毛，边缘有三角形锚状刺。花果期 7—9 月。

分布：中国山西、河北、辽宁、内蒙古。

生境：山坡草地、石缝、灌丛和石质干山坡。

用途：药用。

植株

花

◎ 鹤虱

学名：*Lappula myosotis* V. Wolf

科：紫草科 Boraginaceae　　**属**：鹤虱属 *Lappula*

特征：一年生或二年生草本，茎直立，高 30～60 cm，中部以上多分枝，密被白色刚毛；基生叶长圆状匙形，先端钝，茎生叶较短而狭，披针形或线形，先端尖；花冠淡蓝色，漏斗状至钟状，5 裂，裂片长圆状卵形；小坚果卵状，背部通常有颗粒状疣突，棱缘有 2 行近等长的锚状刺。花果期 6—9 月。

分布：中国华北、西北、东北及内蒙古西部等省区；欧洲中部和东部、北美洲、阿富汗、巴基斯坦、俄罗斯也有分布。

生境：草地、山坡草地、沟谷路旁。

用途：果实入药，有消炎杀虫之功效。

花

植株

果实

◎ 砂引草

学名：*Messerschmidia sibirica* L.

科：紫草科 Boraginaceae　　属：砂引属 *Messerschmidia*

特征：多年生草本，高 10～30 cm，全株密被白色长柔毛；茎单一或数条丛生；叶互生，披针形、倒披针形或长圆形，中脉明显，侧脉不明显；伞房花序顶生；花冠 5 裂，黄白色，漏斗状，裂片外弯，喉部黄色；核果椭圆形或卵球形，粗糙，先端凹陷，具纵肋。花期 5 月，果实 7 月成熟。

分布：中国东北、华北、西北等省区；蒙古、朝鲜及日本也有分布。

生境：海滨沙地、干旱荒漠草原带的沙地、盐化草甸。

用途：绵羊、山羊、骆驼采食；固沙植物，盐碱地改良植物。

果实　植株

◎ 附地菜

学名：*Trigonotis peduncularis*（Trev.）Benth. ex Baker et Moore

科：紫草科 Boraginaceae　　**属**：附地菜属 *Trigonotis*

特征：一年生或二年生草本，高 5～30 cm；茎直立丛生，基部多分枝，茎叶被短糙伏毛；基生叶呈莲座状，有叶柄，叶片匙形，茎上部叶长圆形或椭圆形，无叶柄或具短柄；花序生茎顶端；花冠淡蓝色或粉色，筒部甚短，5 裂，倒卵形，先端圆钝；小坚果 4，斜三棱锥状四面体形。花果期 4—8 月。

分布：中国西藏、云南、广西北部、江西、福建至新疆、甘肃、内蒙古、东北等省区；欧洲东部、亚洲温带的其他地区也有分布。

生境：平原、丘陵草地、林缘、田间及荒地。

用途：全草入药；嫩叶可供食用；观赏植物。

植株

三十四、唇形科

◎ 白花枝子花

学名：*Dracocephalum heterophyllum* Benth.

科：唇形科 Labiatae

属：青兰属 *Dracocephalum*

植株

特征：多年生草本，高 10～15 cm，有时高达 30 cm；茎在中部以下具长的分枝，四棱形，密被倒向的柔毛；茎下部叶及中部叶宽卵形至长卵形，边缘被短睫毛及浅圆齿；茎上部叶变小，叶柄变短，锯齿常具刺而与苞片相似；轮伞花序生于茎上部叶腋，各轮花密集；二唇形花冠白色，外面密被白色或淡黄色短柔毛。花期 6—8 月。

分布：中国西北，山西、内蒙古、四川、青海，西藏；俄罗斯、蒙古有分布。

生境：山地草原及半荒漠的多石干燥地区。

用途：中等饲用植物，山羊、绵羊乐食；辅助蜜源植物；全草入药。

◎ 香青兰

学名：*Dracocephalum moldavica* L.

科：唇形科 Labiatae　　**属**：青兰属 *Dracocephalum*

特征：一年生草本，高 6～40 cm；茎不明显四棱，直立，上部分枝，被倒向的小毛，紫色；叶对生，具疏圆齿，两面疏被小毛及黄色小腺点；轮伞花序，每节具 4 花；花冠淡蓝紫色，二唇形，上唇先端微凹，下唇 3 裂，具深紫色斑点。花期 7—8 月。

分布：中国东北至西北；亚洲北部至欧洲。

生境：山坡、沟谷、田野、路边。

用途：植株可提取芳香油；药用。

◎ 木香薷

学名：*Elsholtzia stauntoni* Benth.

科：唇形科 Labiatae　　**属**：香薷属 *Elsholtzia*

特征：直立小半灌木，高 70～170 cm；茎上部多分枝，上部茎钝四棱形，紫红色，被灰白色微柔毛；叶披针形至椭圆状披针形，全缘或具锯齿状圆齿；穗状花序顶生，长 3～12 cm，具 5～10 花，花冠玫瑰红紫色，冠檐二唇形，上唇直立，下唇开展，3 裂；雄蕊 4，前对较长，十分伸出，花柱与雄蕊等长或略超出；小坚果椭圆形。花果期 7—10 月。

分布：中国河北，山西，河南，陕西，甘肃等地。

生境：谷地溪边或河川沿岸，草坡及石山上

用途：药用；观赏；种子可提炼工业用油。

植株 2

植株 1

花序

◎ 益母草

学名：*Leonurus japonicus* Houttuyn

科：唇形科 Labiatae　　**属**：益母草属 *Leonurus*

特征：一年或二年生草本，高 30～120 cm；茎直立，钝四棱形，微具槽，有倒向糙伏毛，在节及棱上尤为密集；叶轮廓变化很大，茎下部叶轮廓为卵形，掌状 3 裂，上面绿色，有糙伏毛，下面淡绿色，被疏柔毛及腺点；茎中部叶轮廓为菱形，较小，通常分裂成 3 个；轮伞花序腋生，圆球形；花冠粉红至淡紫红色，二唇形；坚果长圆状三棱形。花期通常在 6—9 月，果期 9—10 月。

分布：中国各地；俄罗斯、朝鲜、日本、亚洲、非洲以及美洲各地。

生境：田野、路边、草丛、林缘、渠边。

用途：嫩茎叶做猪、牛、羊的饲草；全草入药。

白花变种 *Leonurus artemisia* var. *albiflorus*（Migo）S. Y. Hu 名为白花益母草。

◎ 细叶益母草

学名：*Leonurus sibiricus* L.

科：唇形科 Labiatae

属：益母草属 *Leonurus*

特征：一年生或二年生草本，高 20～80 cm；茎直立，钝四棱形，有短而贴生的糙伏毛；叶对生，掌状全裂，裂片再羽裂；轮伞花序腋生，多花，花时轮廓为圆球形，花冠粉红至紫红色，二唇形；小坚果长圆状三棱形，褐色。花期 7—9 月，果期 9 月。

分布：中国华北及陕西北部；俄罗斯、蒙古也有分布。

生境：石质及沙质草地及松林中。

用途：药用；嫩叶家畜采食。

植株

◎ 薄荷

学名：*Mentha haplocalyx* Briq.

科：唇形科 Labiatae

属：薄荷属 *Mentha*

特征：多年生草本，高 30～60 cm；茎直立，锐四棱形，被微柔毛，多分枝；叶片长圆状披针形、披针形、椭圆形或卵状披针形、稀长圆形，边缘有疏生粗大的牙齿状锯齿；轮伞花序腋生，轮廓球形，被微柔毛；花萼管状钟形；二唇花冠淡紫色，外面略被微柔毛；雄蕊 4，均伸出于花冠之外；小坚果卵珠形，黄褐色，具小腺窝。花期 7—9 月，果期 10 月。

分布：中国南北各地；俄罗斯远东地区，朝鲜，日本及北美洲也有分布。

生境：潮湿地带。

用途：幼嫩茎尖可作菜食；全草可入药；工业提取薄荷脑、薄荷油；晒干的薄荷茎叶作食品矫味剂和清凉食品饮料。

植株

◎ 黄芩

学名：*Scutellaria baicalensis* Georgi

科：唇形科 Labiatae　　**属**：黄芩属 *Scutellaria*

特征：多年生草本；茎基部伏地，上升，多分枝，四棱形；叶片坚纸质，披针形至线状披针形，全缘，上面暗绿色，无毛或疏被贴生至开展的微柔毛，下面色较淡，密被腺点；总状花序顶生，常再于茎顶聚成圆锥花序；花冠紫、紫红至蓝色，二唇形，上唇盔状，下唇 3 裂，外面密被具腺短柔毛；小坚果卵球形，黑褐色。花期 7—8 月，果期 8—9 月。

分布：中国东北、华北、甘肃、四川等地，江苏有栽培；蒙古、俄罗斯西伯利亚、朝鲜，日本均有分布。

生境：沙质草地、休荒地上。

用途：中等饲用植物；药用植物。

花序

植株

◎ 并头黄芩

学名：*Scutellaria scordifolia* Fisch. ex Schrenk.

科：唇形科 Labiatae　　**属**：黄芩属 *Scutellaria*

特征：多年生草本，高 12～36 cm；茎四棱形，直立或斜生；叶柄很短或近无柄，叶片三角状狭卵形，三角状卵形，或披针形，边缘大多具浅锐牙齿；花单生于茎上部的叶腋内，偏向一侧；花冠蓝紫色，二唇形，外面被短柔毛，内面无毛上唇盔状，下唇三裂，冠筒基部浅囊状膝曲；小坚果黑色，椭圆形。花期 6—8 月，果期 8—9 月。

分布：中国华北、东北、青海、新疆；蒙古、俄罗斯、日本。

生境：草原、低湿草甸，林缘、撂荒地。

用途：中等饲草；全株可入药。

植株

◎ 毛水苏

学名：*Stachys baicalensis* Fisch. ex Benth.

科：唇形科 Labiatae　　属：水苏属 *Stachys*

特征：多年生草本，高 50～100 cm；茎直立，单一，或分枝，四棱形，茎棱密被倒向至平展的刚毛；茎叶长圆状线形，边缘有小的圆形锯齿，疏被刚毛或下面无毛；轮伞花序通常具 6 花，唇形花冠淡紫至紫色，上唇直伸，卵圆形，外面被刚毛，下唇 3 裂，中裂片近圆形；小坚果棕褐色。花期 7 月，果期 8 月。

分布：中国东北、华北，甘肃、陕西；俄罗斯西伯利亚也有分布。

生境：低湿草地及河岸。

用途：根药用。

植株

◎ 百里香

学名：*Thymus mongolicus* Ronn.

科：唇形科 Labiatae　　**属**：百里香属 *Thymus*

特征：小半灌木，高 2～10 cm；茎多数，匍匐或斜升，有香味；叶为卵圆形，长 4～10 mm，宽 2～4.5 mm，先端钝或稍锐尖，全缘或稀有 1～2 对小锯齿，两面有腺点；头状花序，唇形花冠，紫红色或淡紫色、粉红色。花期 7—8 月。

分布：中国华北，甘肃，陕西，青海，山西，河北，内蒙古；蒙古、俄罗斯西伯利亚。

生境：砾石山地、沟谷路旁、沙质草原。

用途：中等饲用价值牧草，羊喜食；可提取香料；药用。

花序

植株

三十五、茄科

◎ 曼陀罗

学名：*Datura stramonium* L.

科：茄科 Solanaceae　　**属**：曼陀罗属 *Datura*

特征：草本或半灌木状，高 50～150 cm；茎粗壮，圆柱状，淡绿色或带紫色，下部木质化；叶广卵形，边缘有不规则波状浅裂；花单生于枝杈间或叶腋；花萼筒状，筒部有 5 棱角，5 浅裂；花冠漏斗状，下半部带绿色，上部白色或淡紫色，檐部 5 浅裂，裂片有短尖头；蒴果直立生，卵状，成熟后淡黄色，规则 4 瓣裂。花期 6—10 月，果期 7—11 月。

分布：中国各省区；世界各大洲。

生境：住宅旁、路边或草地上。

用途：含莨菪碱，药用；种子油可制肥皂和掺合油漆用；观赏。

植株

花

◎ 天仙子

学名：*Hyoscyamus niger* L.

科：茄科 Solanaceae　　**属**：天仙子属 *Hyoscyamus*

特征：一年生或二年生草本，高 30～80 cm，全株密被黏性腺毛，有气味；茎单生或分枝；基生叶莲座状，茎生叶互生，卵形或三角状卵形，边缘羽状浅裂或疏锯齿；花单生或在茎上端呈总状花序；花冠钟状，5 浅裂，黄色，带紫堇色脉纹；蒴果卵球状，种子近圆盘形。花期 6—8 月。

分布：中国东北、华北、西北及西南；蒙古、俄罗斯、欧洲、印度也有分布。

生境：山坡、路旁、村舍附近及河岸沙地。

用途：根、叶、种子药用，含莨菪碱及东莨菪碱；种子油可供制肥皂。

花

植株

◎ 枸杞

学名：*Lycium chinense* Mill.

科：茄科 Solanaceae　　**属**：枸杞属 *Lycium*

特征：多分枝灌木，高 50～100 cm，栽培时可达 2 m 多；枝条细弱，淡灰色，有纵条纹，具棘刺；叶纸质或栽培者质稍厚，单叶互生或 2～4 枚簇生，卵形、卵状菱形、长椭圆形、卵状披针形；花单生或簇生于叶腋，花冠漏斗状，淡紫色或红色，5 深裂，裂片卵形，顶端圆钝，平展或稍向外反曲，边缘有缘毛；浆果红色，卵状、长矩圆状或长椭圆状。花果期 6—11 月。

分布：中国东北、华北和西北；中亚、欧洲。在我国除普遍野生外，也有广泛栽培。

生境：山坡、荒地、丘陵地、盐碱地、路旁及村边宅旁。

用途：饲用；药用；食用。

植株

花

三十六、玄参科

◎ 达乌里芯芭

学名：*Cymbaria dahurica* L.

科：玄参科 Scrophulariaceae **属**：芯芭属 *Cymbaria*

特征：多年生草本，高 6～23 cm，密被白色绢毛，呈银灰绿色；茎丛生，弯曲上升或直立，老时基部木质化；叶对生，线形至线状披针形；总状花序顶生，花少数，每茎约 1～4 枚，单生于苞腋；花冠黄色，二唇形，外被白色柔毛，内面有腺点，下唇三裂，上唇先端 2 裂；二强雄蕊 4 枚，密生长柔毛；蒴果革质，长卵圆形。花期 6—8 月；果期 7—9 月。

分布：中国黑龙江、内蒙古、河北等地；俄罗斯及蒙古亦有分布。

生境：干山坡与沙砾质草原。

用途：中等放牧型牧草；全草药用。

植株

◎ 柳穿鱼

学名：*Linaria vulgaris* Mill.

科：玄参科 Scrophulariaceae　　属：柳穿鱼属 *Linaria*

特征：多年生草本，植株高 20～80 cm，茎叶无毛；茎直立，常在上部分枝；叶互生或轮生，条形至条状披针形；总状花序顶生，花多数而密集，果期伸长而果疏离；花冠二唇形，黄色，花冠筒基部有长距；蒴果卵球状，种子盘状，边缘有宽翅，成熟时中央常有瘤状突起。花期 6—9 月。

分布：中国长江以北各省区；欧亚大陆的北部有分布。

生境：沙地、山坡草地、路边。

用途：观赏植物；饲用；药用。

植株

◎ 疗齿草

学名：*Odontites serotina*（Lam.）Dum.

科：玄参科 Scrophulariaceae

属：疗齿草属 *Odontites*

特征：一年生草本，高 20～60 cm，全株被贴伏而倒生的白色细硬毛；上部茎四棱形；叶披针形至条状披针形，无叶柄对生，边缘疏生锯齿；穗状花序顶生；花冠紫色、紫红色或淡红色，外被白色柔毛；蒴果长 4～7 mm，上部被细刚毛。花期 7—8 月。

分布：中国西北、华北及东北（西北部）；欧洲至蒙古也有分布。

生境：低湿草地。

用途：全株药用。

植株

◎ 红纹马先蒿

学名：*Pedicularis striata* Pall.

科：玄参科 Scrophulariaceae　　属：马先蒿属 *Pedicularis*

特征：多年生草本，高达 20～80 cm；茎直立，单生或下部分枝，密被短卷毛；叶互生，叶片羽状深裂至全裂，裂片平展，线形，边缘有浅锯齿；花序穗状；萼钟形，薄革质，被疏毛，齿 5 枚；花冠二唇形，黄色，具绛红色脉纹；蒴果卵圆形，有短凸尖。花期 6—7 月；果期 7—8 月。

分布：中国北方诸省区；俄罗斯西伯利亚、蒙古也有分布。

生境：高山草原中及疏林。

用途：全草药用。

植株

◎ 秀丽马先蒿

学名：*Pedicularis venusta* Schang.

科：玄参科 Scrophulariaceae　　　　属：马先蒿属 *Pedicularis*

特征：多年生草本，高 10～40 cm；茎直立，单一不分枝，被卷毛；茎叶互生，叶片披针形，羽状全裂，裂片羽状深裂，小裂片具细而胼胝质的细尖，边缘有其胼胝质的牙齿；穗状花序顶生，花萼钟状，近革质，花冠黄色，二唇形，上唇盔状弓曲，先端具 2 齿，下唇比盔稍短，3 裂；蒴果为偏斜的长圆形。花期 6—7 月，果期 7—8 月。

分布：中国新疆、黑龙江、河北、内蒙古；蒙古、俄罗斯（西伯利亚、远东）。

生境：山坡禾草丛、草甸、疏林。湖泊、池塘、沟渠、沼泽及河流缓流带。

用途：观赏。

◎ 轮叶马先蒿

学名：*Pedicularis verticillata* L.

科：玄参科 Scrophulariacea　　　　属：马先蒿属 *Pedicularis*

特征：多年生草本，高达 15～35 cm，有时极低矮；茎直立，下部圆形，上部四棱形，具 4 条纵毛线；茎生叶一般 4 枚轮生，几乎无柄，叶片羽状深裂至全裂，边缘具不规则缺刻状齿；花序总状顶升，稠密，花萼球状卵圆形，膜质，密被长柔毛；花冠紫红色，二唇形，上唇盔状，略弯曲，下唇约与盔等长或稍长，3 浅裂；蒴果。花期 7—8 月。

分布：中国东北、华北、西北、四川、西藏；北半球温带较寒地带、北极广泛分布。

生境：草甸、沼泽、林间灌丛、冻原。

用途：观赏植物。

花序
植株

◎ 地黄

学　名：*Rehmannia glutinosa* (Gaetn.) Libosch. ex Fisch. et Mey.

科：玄参科 Scrophulariaceae

属：地黄属 *Rehmannia*

特征：多年生草本，高 10～30 cm；全株密被灰白色长柔毛和腺毛；根茎肉质，鲜时黄色，栽培条件下，茎紫红色；叶常在茎基部集成莲座状，叶片卵形至长椭圆形，上面绿色，下面略带紫色或成紫红色，边缘有锯齿，叶面多皱；花梗细弱，弯曲而后上升，在茎顶部略排列成总状花序；花冠筒状，裂片，5 枚，先端钝或微凹，内面黄紫色，外面紫红色,；蒴果卵形至长卵形。花果期 4—7 月。

分布：中国华北、华中，辽宁、陕西、甘肃、江苏；朝鲜、日本也有分布。

生境：沙质壤土、荒山坡、山脚、墙边、路旁等处。

用途：根茎药用。

植株

三十七、列当科

◎ 列当

学 名：*Orobanche coerulescens* Steph.

科：列当科 Orobanchaceae

属：列当属 *Orobanche*

特征：二年生或多年生根寄生草本，株高 10～35 cm，全株密被蛛丝状长绵毛；茎直立，肉质；鳞片状叶干后黄褐色；二唇形花冠深蓝色、蓝紫色或淡紫色，上唇 2 浅裂，下唇 3 裂，边缘具不规则小圆齿；蒴果卵状长圆形或圆柱形，干后深褐色。花期 4—7 月，果期 7—9 月。

分布：中国东北至西北、湖北、四川、云南和西藏。欧亚大陆北部也有分布。

生境：沙丘、山坡及沟边草地上，常寄生于蒿属植物的根上。

用途：全草药用。

植株

◎ 黄花列当

学名：*Orobanche pycnostachya* Hance

科：列当科 Orobanchaceae　　属：列当属 *Orobanche*

特征：根寄生植物，二年生或多年生草本，株高 10～40 cm，全株密被腺毛；茎直立，不分枝，基部稍膨大；叶卵状披针形或披针形，干后黄褐色；花序穗状，圆柱形，顶端锥状，具多数花；花冠二唇形，黄色，上唇 2 浅裂，下唇长于上唇，3 浅裂，雄蕊 4 枚；蒴果长圆形，干后深褐色。花期 4—6 月，果期 6—8 月。

分布：中国东北、华北及陕西、河南、山东和安徽；蒙古、朝鲜和俄罗斯（西伯利亚、远东）地区也有分布。

生境：沙丘、山坡及草原上，常寄生于蒿属植物根上。

用途：全株可以入药。

植株

三十八、车前科

◎ 大车前

学名：*Plantago major* L.

科：车前科 Plantaginaceae

属：车前属 *Plantago*

特征：二年或多年生草本，须根多数；叶基生呈莲座状，平卧、斜展或直立；叶片纸质，宽卵形至宽椭圆形，边缘波状、疏生不规则牙齿或近全缘，两面疏生短柔毛或近无毛；花序1至数个；花序梗直立或弓曲上升，长6～40 cm；穗状花序细圆柱状，基部常间断；花无梗，花冠白色，干膜质；蒴果近球形、卵球形或宽椭圆球形。花期6—8月，果期7—9月。

分布：几乎遍布中国各地；欧亚大陆温带及寒温带有分布。

生境：草地、草甸、河滩、沟边、沼泽地、山坡路旁、田边或荒地。

用途：良等牧草；全草入药。

植株

◎ 盐生车前

学名：*Plantago maritima* L. subsp. *ciliata* Printz.

科：车前科 Plantaginaceae　　属：车前属 *Plantago*

特征：多年生草本；叶簇生呈莲座状，平卧、斜展或直立，稍肉质，条形，长 4～32 cm，全缘，平展或略反卷；穗状花序圆柱形 1 至多个；花序梗直立或弓曲上升，无沟槽，贴生白色短糙毛；花冠淡黄色，裂片 4，干膜质，反折；雄蕊与花柱明显外伸；蒴果圆锥状卵形。花期 6—7 月，果期 7—8 月。

分布：中国西北，内蒙古、河北、陕西；俄罗斯西伯利亚、中亚、蒙古、阿富汗、伊朗有分布。

生境：戈壁、盐碱化草地、盐湖边、盐碱。

用途：良等饲用植物。

植株

花序

三十九、败酱科

◎ 岩败酱

学名：*Patrinia rupestris*（Pall.）Juss.

科：败酱科 Valerianaceae　　　　**属**：败酱属 *Patrinia*

特征：多年生草本，高 20～100 cm；根状茎稍斜升，长达 10 cm 以上，有浓烈的臭酱气味；茎多数丛生，被短糙毛；茎生叶对生，羽状浅裂、深裂至全裂，裂片有缺刻状钝齿；花密生，顶生伞房状聚伞花序，具 3～7 级对生分枝，最下分枝处总苞叶羽状全裂，上部分枝总苞叶较小；花冠黄色，漏斗状钟形，上部 5 裂；瘦果倒卵圆柱状。花期 7—9 月。

分布：中国东北和华北；俄罗斯也有分布。

生境：石质山坡、岩缝、草地、草甸草原、林缘。

用途：全草药用；饲用。

植株
茎叶
花序

◎ 缬草

学名：*Valeriana officinalis* L.

科：败酱科 Valerianaceae　　**属**：缬草属 *Valeriana*

特征：多年生草本，高 100～150 cm；茎中空，有纵棱，被粗毛；基生叶丛生，花期凋萎，茎生叶对生，羽状深裂至全裂；花序顶生，成伞房状三出聚伞圆锥花序；花冠淡紫红色或白色，花冠裂片椭圆形；瘦果长卵形。花期 5—7 月，果期 6—10 月。

分布：中国东北至西南的广大地区；欧洲和亚洲西部也广为分布。

生境：山坡草地、林下、沟边。

用途：根茎及根供药用。

茎叶

植株

花序

四十、川续断科

◎ 华北蓝盆花

学名：*Scabiosa tschiliensis* Gruning.

科：川续断科 Dipsacaceae　　属：蓝盆花属 *Scabiosa*

特征：多年生草本，高 40～70 cm；茎自基部分枝，具白色卷伏毛；基生叶簇生，叶片卵状披针形或窄卵形至椭圆形，有疏钝锯齿；茎生叶对生，羽状深裂至全裂；头状花序顶生，蓝紫色；边花二唇形，放射状排列，裂片 5，不等大；中央花筒状，裂片 5，近等大；瘦果椭圆形。花期 7—8 月，果熟 8—9 月。

分布：中国东北、华北、甘肃。

生境：沙质草原或草甸。

用途：全株药用；观赏植物。

花

植株

四十一、桔梗科

◎ 草原沙参

学名：*Adenophora pratensis* Y. Z. Zhao

科：桔梗科 Campanulaceae　　属：沙参属 *Adenophora*

特征：多年生草本，高 50～70 cm，有白色乳汁；茎直立，单一；茎生叶互生，狭披针形或披针形，全缘或具疏齿；圆锥花序分枝，花下垂；花萼裂片钻状三角形；花冠蓝紫色，钟状坛形，5 浅裂，裂片下部略收缢；花柱超出花冠约 1/4。花期 7—8 月。

分布：内蒙古（锡林郭勒）。

生境：草原区草甸。

用途：饲用。

花

植株

◎ 长柱沙参

学名：*Adenophora stenanthina*（Ledeb.）Kitagawa

科：桔梗科 Campanulaceae　　属：沙参属 *Adenophora*

特征：多年生草本，高 40～120 cm；茎直立，丛生；基生叶心形，边缘有深刻而不规则的锯齿，茎生叶条形，全缘，两面被糙毛；圆锥花序顶生，多分枝，花下垂；花冠细，筒状或筒状钟形，5 浅裂，浅蓝色、蓝色、蓝紫色、紫色；雄蕊与花冠近等长，花柱超出花冠 0.5～1 倍；蒴果椭圆状。花期 8—9 月。

分布：中国华北、西北、东北；蒙古、俄罗斯西伯利亚南部和远东地区也有分布。

生境：山坡草地、草甸、沟谷、灌丛及耕地边。

用途：饲用；根药用。

花序

植株

◎ 轮叶沙参

学名：*Adenophora tetraphylla*（Thunb.）Fisch.

科：桔梗科 Campanulaceae　　属：沙参属 *Adenophora*

特征：多年生草本，高 50～90 cm；茎直立，不分枝，有白色乳汁；茎生叶 3～6 枚轮生，叶片卵圆形至条状披针形，边缘有锯齿，两面疏生短柔毛；花序分枝（聚伞花序）轮生，花下垂；花冠筒状细钟形，口部稍缢缩，蓝色、蓝紫色。蒴果球状圆锥形或卵圆状圆锥形花期 7—9 月。

分布：中国东北、华北、西北、华东、华中、华南等地均有分布；朝鲜、日本、俄罗斯、越南。

生境：草地、灌丛及山地林缘。

用途：药用；饲用。

植株 1

植株 2

四十二、菊科

◎ 高山蓍

学名：*Achillea alpina* L.

科：菊科 Compositae　　**属**：蓍属 *Achillea*

特征：多年生草本，高 30～80 cm；茎直立，上部分枝，被伏柔毛；叶无柄，条状披针形，篦齿状羽状浅裂至深裂；头状花序多数，集成伞房状；舌状花 6～8 朵，舌片白色，宽椭圆形，顶端 3 浅齿，管状花白色，冠檐 5 裂，管部压扁；瘦果宽倒披针形。花果期 7—9 月。

分布：中国东北、华北、宁夏、甘肃东部等省区；朝鲜、日本、蒙古、俄罗斯东西伯利亚及远东地区有分布。

生境：山坡草地、灌丛间、林缘。

用途：中等饲用植物，各种家畜乐食。

植株

◎ 藿香蓟

学名：*Ageratum conyzoides* L.

科：菊科 Compositae　　**属**：藿香蓟属 *Ageratum*

特征：一年生草本，高 50～100 cm，有时又不足 10 cm；茎粗壮，全部茎枝淡红色，或上部绿色，被白色尘状短柔毛或上部被稠密开展的长绒毛；叶对生，有时上部互生，全部叶基部钝或宽楔形；头状花序在茎顶排成通常紧密的伞房状花序；总苞钟状或半球形，总苞片 2 层，边缘撕裂；花冠淡紫色，外面无毛或顶端有尘状微柔毛；瘦果黑褐色，5 棱，有白色稀疏细柔毛。花果期全年。

分布：中国广东、广西、云南、贵州、四川、江西、福建等地有栽培，也有野生分布，但河北、浙江只见栽培种；非洲、印度、印度尼西亚、老挝、柬埔寨、越南等也有分布。

生境：山谷、山坡林下或林缘、河边或山坡草地、田边或荒地上。

用途：观赏植物；全草入药。

◎ 碱蒿

学名：*Artemisia anethifolia* Web. ex Stechm.

科：菊科 Compositae　　属：蒿属 *Artemisia*

特征：一、二年生草本，高 20～50 cm；植株有浓烈的香气；茎单生，直立或斜上，具纵棱，下部半木质化，分枝多而长；茎、枝初时有短绒毛，后渐脱落无毛，叶初时被短柔毛，后渐稀疏，近无毛，椭圆形或长卵形，二至三回羽状全裂，每侧有裂片 3～4 枚，每裂片再次羽状全裂，小裂片狭线形；头状花序半球形或宽卵形，直径 2～4 mm，具短梗，下垂或斜生；瘦果椭圆形或倒卵形，顶端偶有不对称的冠状附属物。花果期 8—10 月。

分布：中国华北、西北及黑龙江（西部）等地；蒙古及俄罗斯西伯利亚也有分布。

生境：山坡、干河谷、碱性滩地、盐渍化草原附近、荒地及固定沙丘附近。

用途：春季、秋季牛、羊、骆驼采食，中等饲用植物；基生叶药用。

植株

◎ 黄花蒿

学名：*Artemisia annua* L.

科：菊科 Compositae　　**属**：蒿属 *Artemisia*

特征：一年生草本，高 100～200 cm，植株有浓烈的挥发性香气；茎单生，有纵棱，幼时绿色，后变褐色或红褐色，多分枝；茎、枝、叶两面及总苞片背面无毛或初时背面微有极稀疏短柔毛，后脱落无毛。叶纸质，绿色；茎下部叶两面具白色腺点及细小凹点，三（至四）回栉齿状羽状深裂，上部叶与苞片叶一（至二）回栉齿状羽状深裂；头状花序球形，多数，直径 1.5～2.5 mm，下垂或倾斜，并在茎上组成开展、尖塔形的圆锥花序；花深黄色；瘦果小，椭圆状卵形，略扁。花果期 8—11 月。

分布：遍及中国各省区。

生境：草原、森林草原、半荒漠及路旁、荒地、山坡、林缘。

用途：全草药用；青鲜时，家畜不食，枯黄后，骆驼、山羊等采食。

◎ 沙蒿

学名：*Artemisia desertorum* Spreng.

科：菊科 Compositae　　属：蒿属 *Artemisia*

特征：多年生草本，根状茎稍粗，短，半木质，有短的营养枝；茎单生或少数，高30～70 cm，具细纵棱，上部分枝；叶纸质，茎下部叶与营养枝叶长圆形或长卵形，二回羽状全裂或深裂；头状花序多数，在分枝上排成穗状花序式的总状花序或复总状花序，而在茎上组成狭而长的扫帚形的圆锥花序；总苞片被微毛，后脱落无毛。花果期8—10月。

分布：中国东北、华北、西北、西南；蒙古、朝鲜、日本、印度、巴基斯坦及俄罗斯也有分布。

生境：草原、草甸、高山、荒坡、砾质坡地、干河谷、河岸边、林缘及路旁等。为草原地区植物群落的主要伴生种。

用途：固沙先锋植物种；晚秋和冬春特有的济困牧草；牧区燃料来源；种子可供食用，亦可榨油食用；嫩枝叶可药用。

植株

◎ 南牡蒿

学名：*Artemisia eriopoda* Bge.

科：菊科 Compositae　　属：蒿属 *Artemisia*

特征：多年生草本，高 30～80 cm；茎直立或斜向上，分枝多，开展，枝上密生叶，绿色或稍带紫褐色；叶纸质，上面无毛，背面微有短柔毛或无毛，叶近圆形、宽卵形或倒卵形，一至二回大头羽状深裂或全裂或不分裂，仅边缘具疏锯齿；头状花序多数，宽卵形或近球形，直径 1.5～2.5 mm，基部具线形的小苞叶，在茎上组成开展、稍大的圆锥花序；瘦果长圆形。花果期 6—11 月。

分布：中国东北、华北、陕西、山东、江苏、安徽、湖北、湖南、四川、云南；朝鲜、日本、蒙古（东部）也有。

生境：森林草原与山地草原、路旁、灌丛、溪边等。

用途：药用；饲用。

花序
植株

◎ 冷蒿

学名：*Artemisia frigida* Willd.

科：菊科 Compositae　　属：蒿属 *Artemisia*

特征：多年生草本，有时略成半灌木状；茎直立，丛生，高 10～50 cm，全株具灰白色或淡黄色短绢毛；叶具短柄或无柄，二至三回羽状全裂，小裂片线状披针形或披针形；头状花序半球形、球形或卵球形，在茎上排成总状花序或为狭窄的总状花序式的圆锥花序；瘦果长圆形或椭圆状倒卵形，长约 1 mm，褐色。花果期 7—10 月。

分布：中国东北、华北、西北及西藏地区；蒙古、土耳其、伊朗、俄罗斯及北美洲都有分布。

生境：森林草原、草原、荒漠草原及干旱与半干旱地区的山坡、路旁、砾质旷地、戈壁、高山草甸等地区都有，常构成山地干旱与半干旱地区植物群落的建群种或主要伴生种。

用途：优良牧草。

植株 2

植株 1

◎ 华北米蒿

学名：*Artemisia giraldii* Pamp.

科：菊科 Compositae　　属：蒿属 *Artemisia*

特征：半灌木状草本，高 50～120 cm；茎多数或少数，常成小丛，直立，具纵棱，下部稍木质化，分枝多；叶纸质，灰绿色，干后暗绿色或深绿褐色，叶面疏被灰白色或淡灰色短柔毛；头状花序多数，宽卵形、近球形或长圆形，在分枝上排成穗状花序式的总状花序或复总状花序，而在茎上组成开展的圆锥花序；总苞片 3～4 层，外层略短小；边缘小花雌性，中央小花两性，管状，檐部黄色或红色；瘦果倒卵形。花果期 7—10 月。

分布：中国内蒙古、河北、山西、陕西、宁夏、甘肃及四川等。

生境：黄土高原、山坡、干河谷、丘陵、路旁、滩地、林缘、灌丛等。

用途：良等饲用植物，嫩时家畜采食；水土保持植物；药用植物。

植株

叶

◎ 蒙古蒿

学名：*Artemisia mongolica*（Fisch. ex Bess.）Nakai

科：菊科 Compositae　　**属**：蒿属 *Artemisia*

特征：多年生草本，高 40～120 cm；茎少数或单生，具明显纵棱；茎、枝初期密被灰白色蛛丝状柔毛，后稍稀疏。叶纸质或薄纸质，上面绿色，背面密被灰白色蛛丝状绒毛；下部二回羽状全裂或深裂，再次羽状深裂或为浅裂齿；上部叶 3～5 回羽状全裂；头状花序多数，椭圆形，直径 1.5～2 mm，无梗，直立或倾斜，有线形小苞叶，总苞片较小，背面密被灰白色蛛丝状毛；瘦果小，长圆状倒卵形。花果期 8—10 月。

分布：中国东北、华北、西北、华东、华中、东南等地；蒙古、朝鲜、日本及俄罗斯西伯利亚也有分布。

生境：草原、山坡、灌丛、干河谷、路旁、农田及荒地。

用途：全草入药；春秋季全株作牲畜饲料；化工提取芳香油；作制纤维与造纸的原料。

植株

花序

◎ 猪毛蒿

学名：*Artemisia scoparia* Waldst. et Kit.

科：菊科 Compositae　　　**属**：蒿属 *Artemisia*

特征：多年生草本或近一、二年生草本，高 40～90（～130）cm，植株有浓烈的香气；茎直立，常单生，稀 2～3 枚，红褐色或褐色，有纵纹；下部分枝开展，上部枝多斜上展；茎叶具灰白色绢质柔毛，叶近圆形、长卵形，二至三回羽状全裂；头状花序近球形，稀近卵球形，极多数，直径 1～2 mm，排成复总状或复穗状花序，再组成大型、开展的圆锥花序；总苞片 3～4 层，外层总苞片草质、卵形，背面绿色、无毛，边缘膜质；瘦果倒卵形或长圆形，褐色。花果期 7—10 月。

分布：遍及中国各地，为欧、亚大陆温带与亚热带地区广布种。

生境：草原、荒漠、林缘、山坡、旷野、路旁等，

用途：中等饲用植物；食用；药用。

植株 1

植株 2

◎ 裂叶蒿

学名：*Artemisia tanacetifolia* L.

科：菊科 Compositae　　属：蒿属 *Artemisia*

特征：多年生草本，高 50～70（～90）cm；茎直立，少数或单生，具纵棱，上部具分枝，被平贴的短柔毛；茎下部与中部叶二至三回栉齿状的羽状分裂，上部叶一至二回栉齿状羽状全裂；头状花序球形或半球形，直径 2～3 mm，下垂，在分枝上排成密集或稍疏松的穗状花序，并在茎上组成略狭窄的扫帚形的圆锥花序；总苞片 3 层，淡绿色，背面无毛或初时微有稀疏短绒毛，后渐脱落或近无毛，边缘狭膜质；瘦果椭圆状倒卵形，略扁，有纵纹，暗褐色。花果期 7—10 月。

分布：中国东北、华北，陕西、宁夏、甘肃；蒙古、朝鲜、中亚、俄罗斯西伯利亚、欧洲、北美洲也有分布。

生境：草原、草甸、林缘、灌丛。

用途：饲用植物。

◎ 紫菀

学名：*Aster tataricus* L. f.

科：菊科 Compositae　　**属**：紫菀属 *Aster*

特征：多年生草本，高 40～50 cm；茎直立，单生，常带紫色；基部叶长圆状或椭圆状匙形，叶柄较长，花期枯落；茎生叶较小，具短柄或无柄，全缘或有浅齿。头状花序多数在茎顶端排列成复伞房状；舌状花蓝紫色，管状花长黄色；瘦果倒卵状长圆形，紫褐色。花期 7—9 月；果期 8—10 月。

分布：中国东北至西北；蒙古、朝鲜、日本及俄罗斯（西伯利亚、远东）地区也有分布。

生境：森林和草原带的山坡林地、河谷及沼泽湿地。

用途：适口性差，低等饲用植物；药用。

植株

花序

◎ 金盏花

学名：*Calendula officinalis* L.

科：菊科 Compositae　　　　**属**：金盏花属 *Calendula*

特征：一年生草本，高 20～75 cm；茎基部分枝；叶长圆状倒卵形或匙形，全缘或具疏细齿；头状花序单生茎枝端，小花黄或橙黄色。花期 4—9 月，果期 6—10 月。

分布：中国各地广泛栽培。

用途：观赏植物。

植株

◎ 飞廉

学名：*Carduus nutans* L.

科：菊科 Compositae　　**属**：飞廉属 *Carduus*

特征：二年生草本，高 70～100 cm；茎直立，具纵条棱，并附有绿色的翼，翼有齿刺；下部叶椭圆状披针形，羽状半裂或深裂，裂片的边缘具刺状齿，上部叶渐小；头状花序 2～3 枚，聚生于枝端，直径 1.5～2.5 cm；总苞钟形，长约 2 cm，宽 1.5～3 cm，苞片多层，外层较内层逐渐变短，中层苞片具刺尖，中层者向外反曲；花全部为管状花，紫红色，稀白色；瘦果长椭圆形，冠毛白色或灰白色，长约 15 mm，呈刺毛状。花期 6—7 月。

分布：中国各地均有分布；日本、伊朗、欧洲、北美也有分布。

生境：山谷、田野、路旁。

用途：全株可入药。

花序 1

花序 2

植株

◎ 莲座蓟

学名：*Cirsium esculentum*（Sievers）C. A. Mey.

科：菊科 Compositae　　属：蓟属 *Cirsium*

特征：多年生草本；无茎，茎基粗厚，基生叶簇生，莲座状叶丛的叶全形倒披针形或椭圆形或长椭圆形莲座状，羽状深裂，边缘有针刺；头状花序 5～12 个集生于莲座状叶丛中；花冠红紫色；瘦果短矩圆形，冠毛白色或污白色或稍带褐色或带黄色；花果期 8—9 月。

分布：中国东北、内蒙古及新疆；中亚、俄罗斯西伯利亚和蒙古有分布。

生境：平原或山地潮湿地或水边。

用途：全株药用。

◎ 魁蓟

学名：*Cirsium leo* Nakai et Kitag.

科：菊科 Compositae　　**属**：蓟属 *Cirsium*

特征：多年生草本，高 40～100 cm；茎直立，单生或少数茎成簇生，有条棱，被细胞长节毛；叶长椭圆形或倒披针状长椭圆形，羽状深裂，裂片边缘具针刺；头状花序在茎枝顶端排成伞房花序，总苞钟状，苞片 8 层，镊合状排列，边缘具针刺，小花紫色或红色；瘦果灰黑色，冠毛污白色，长羽毛状。花果期 5—9 月。

分布：中国宁夏、山西、河北、河南、陕西、甘肃及四川西北部。

生境：山坡草地、林缘、河滩、田间。

用途：低等饲用植物。

◎ 秋英

学名：*Cosmos bipinnata* Cav.

科：菊科 Compositae 属：秋英属 *Cosmos*

特征：一年生或多年生草本，高 1～2 m；叶二次羽状深裂，裂片线形或丝状线形；头状花序单生，舌状花紫红色，粉红色或白色，舌片椭圆状倒卵形，有 3～5 钝齿，管状花黄色。花期 6—8 月，果期 9—10 月。

分布：原产美洲墨西哥，中国各地栽培广泛。

生境：路旁、田埂、溪岸也常自生。云南、四川西部有大面积归化群落。

用途：观赏植物。

群体

◎ 楔叶菊

学名：*Dendranthema naktongense*（Nakai）Tzvel.

科：菊科 Compositae **属**：菊属 *Dendranthema*

特征：多年生草本，高 10～50 cm，有地下匍匐根状茎；茎直立，自中部分枝；叶掌式羽状或羽状 3～7 浅裂、半裂或深裂；茎叶基部楔形或宽楔形，有长柄；头状花序 2～9 个在茎枝顶端排成疏松伞房花序，极少单生；总苞碟状；舌状花白色、粉红色或淡紫色，舌片顶端全缘或 2 齿。花期 7—8 月。

分布：中国东北、内蒙古及河北；日本、朝鲜、俄罗斯（远东）也有分布。

生境：草原、草甸、林缘、灌丛。

用途：饲用；观赏。

花序

植株

◎ 蓝刺头

学名：*Echinops sphaerocephalus* L.

科：菊科 Compositae　　　　**属**：蓝刺头属 *Echinops*

特征：多年生草本，高 50～150 cm；茎直立，单生，上部分枝密被白棉毛，下部被稀疏的蛛丝状毛；叶宽披针形，羽状二回深裂，边缘具刺齿，上面绿色，被稠密短糙毛，下面灰白色，被薄蛛丝状绵毛；复头状花序单生茎枝顶端，球形，小花淡蓝色或白色，花冠 5 深裂；瘦果倒圆锥状，被黄色的稠密顺向贴伏的长直毛，不遮盖冠毛。花果期 8—9 月。

分布：中国东北、华北、甘肃等；蒙古、俄罗斯有分布。

生境：草原、林缘草甸或渠边。

用途：低等饲用植物；优良蜜源植物。

植株　花序

◎ 线叶菊（兔毛蒿）

学名：*Filifolium sibiricum*（L.）Kitam.

科：菊科 Compositae　　属：线叶菊属 *Filifolium*

特征：多年生草本，高 20～60 cm；根粗壮，直伸，木质化；茎丛生，密集，基部具密厚的纤维鞘；基生叶有长柄，倒卵形或矩圆形，茎生叶较小，互生，全部叶 2～3 回羽状全裂；末次裂片丝形，无毛，有白色乳头状小凸起；头状花序多数，排列成复伞房状花序；总苞球形或半球形，管状花冠，黄色；瘦果倒卵形或椭圆形稍压扁，黑色。花果期 6—9 月。

分布：中国东北、华北；蒙古、朝鲜、日本、俄罗斯东西伯利亚及远东地区也有分布。

生境：山坡草地。

用途：中低等饲用植物，秋季霜冻后马、羊采食。

植株

花序

◎ 大丁草

学名：*Gerbera anandria*（L.）Turcz.

科：菊科 Compositae　　属：大丁草属 *Gerbera*

特征：多年生草本，植株具春、秋两型之别。春型者根状茎短；根簇生，粗而略带肉质；叶基生，莲座状，叶片边缘具齿、深波状或琴状羽裂，侧脉 4～6 对，纤细；叶柄被白色绵毛；花葶单生或数个丛生，直立或弯垂，纤细，棒状，被蛛丝状毛；头状花序单生于花葶之顶，倒锥形，瘦果纺锤形，被白色粗毛；冠毛粗糙，污白色。秋型者植株较高，花葶长可达 30 cm，叶片大，头状花序，外层雌花管状二唇形，无舌片。花期春、秋两季。

分布：中国东起台湾、北达黑龙江，经内蒙古至宁夏皆有分布，南抵广东、广西，西南至云南、贵州等；俄罗斯、日本、朝鲜也有分布。

生境：山顶、山谷丛林、荒坡、沟边或风化的岩石上。

用途：中等饲用植物；药用植物。

花序

植株

◎ 阿尔泰狗娃花

学名：*Heteropappus altaicus*（Willd.）Novopokr.

科：菊科 Compositae　　　　　属：狗娃花属 *Heteropappus*

特征：多年生草本，茎斜升或直立，高约 20～60 cm，被上曲的短贴毛，从基部分枝，叶互生全缘，头状花序单生于枝端，舌状花淡蓝紫色，管状花黄色。花果期 7—9 月。

分布：中国东北至西北，四川、湖北；中亚、蒙古及俄罗斯西伯利亚有分布。

生境：温带中旱生植物；草原、草甸、山地、戈壁滩地、沟谷路旁等常见。

用途：中等饲用植物；全株入药。

植株 1

植株 2

花序

◎ 旋覆花

学名：*Inula japonica* Thunb.

科：菊科 Compositae　　　　　　　　属：旋覆花属 *Inula*

特征：多年生草本，高 30～70 cm；茎直立，单生，有时 2～3 个簇生，被长伏毛，上部有上升或开展的分枝，基部叶常较小，在花期枯萎，中部叶长圆形，长圆状披针形或披针形，叶片下面有疏伏毛和腺点，上部叶渐狭小，线状披针形。头状花序径 3～4 cm，舌状花黄色，舌片线形，长 10～13 mm，管状花花冠长约 5 mm；冠毛 1 层，白色，瘦果圆柱形。花期 6—10 月，果期 9—11 月。

分布：中国东北、华北极常见，在四川、贵州、福建、广东也可见到；蒙古、朝鲜、俄罗斯、日本都有分布。

生境：山坡、路旁、湿润草地、河岸和田边。

用途：观赏；中等饲用植物。

花序

植株

◎ 中华苦荬菜（中华小苦荬，山苦荬，小苦苣）

学名：*Ixeridium chinense*（Thunb.）Nakai

科：菊科 Compositae　　属：苦荬菜属 *Ixeris*

特征：多年生草本，高 5～47 cm；根状茎极短缩，茎直立，单生或少数茎成簇生，上部分枝；基生叶长椭圆形、倒披针形、线形或舌形，全缘，不分裂或羽状浅裂、半裂或深裂；茎生叶 2～4 枚，长披针形或长椭圆状披针形，不裂，边缘全缘；全部叶两面无毛；头状花序通常在茎枝顶端排成伞房花序；总苞圆柱状，总苞片 3～4 层；舌状小花黄色，干时带红色；瘦果褐色，长椭圆形，冠毛白色。花果期 1—10 月。

分布：中国东北、华北、华东、华南及贵州、云南、西藏等地；俄罗斯远东地区及西伯利亚、日本、朝鲜也有分布。

生境：山坡路旁、田野、河边灌丛或岩石缝隙中；为田间杂草。

用途：药用。

◎ 山莴苣

学名：*Lagedium sibiricum*（L.）Sojak

科：菊科 Compositae　　**属**：山莴苣属 *Lagedium*

特征：多年生草本，高 50～130 cm，全株含白色乳汁；茎直立，通常单生，上部有分枝，全部茎枝光滑无毛；中下部茎叶披针形、长披针形或长椭圆状披针形，顶端渐尖、长渐尖或急尖，基部收窄，无柄，心形、心状耳形或箭头状半抱茎，向上的叶渐小；头状花序含舌状小花约 20 枚，多数在茎枝顶端排成伞房花序或伞房圆锥花序，总苞片 3～4 层，通常淡紫红色；舌状小花蓝色或蓝紫色；瘦果长椭圆形或椭圆形，褐色或橄榄色，冠毛白色，2 层。花果期 7—9 月。

分布：中国东北、华北、西北；欧洲、北美洲，俄罗斯、日本、蒙古也有分布。

生境：林缘、林下、草甸、河岸、路旁。

用途：中等饲用植物，家畜喜食。

◎ 火绒草

学名：*Leontopodium leontopodioides*（Willd.）Beauv.

科：菊科 Compositae　　**属**：火绒草属 *Leontopodium*

特征：多年生草本，高 10—40 cm；茎丛生，较细，直立或稍弯曲，不分枝，被灰白色长柔毛或白色近绢状毛；叶直立，条形或条状披针形，无柄，全缘或有时反卷或呈波状，上面灰绿色，被柔毛，下面被白色或灰白色密棉毛或有时被绢毛；苞叶少数，头状花序 3～7 个密集，总苞半球形，被白色棉毛；瘦果有乳头状突起或密粗毛。花果期 7—10 月。

分布：东北至西北。蒙古、朝鲜、日本和俄罗斯也有分布。

生境：干旱草原、黄土坡地、石砾地、山区草地。

用途：全草药用，治疗蛋白尿及血尿有效；低等饲用植物。

花序

植株

◎ 栉叶蒿（篦齿蒿）

学名：*Neopallasia pectinata*（Pall.）Poljak.

科：菊科 Compositae　　**属**：栉叶蒿属 *Neopallasia*

特征：一年或多年生草本；茎自基部分枝或不分枝，直立，高 12～40 cm，常带淡紫色，被稠密白色绢毛；叶长圆状椭圆形，栉齿状羽状全裂，裂片线状钻形，羽轴向基部逐渐膨大，上部和花序下的叶变短小；头状花序无梗或几无梗，卵形或狭卵形，单生或数个集生于叶腋；穗状或狭圆锥状花序；花冠 5 裂，有时带粉红色；瘦果椭圆形，深褐色，具细沟纹，在花托下部排成一圈。花果期 7—9 月。

分布：中国东北、华北、西北、西南；蒙古、俄罗斯有分布。

生境：荒漠、河谷砾石地及山坡荒地。

用途：中低等饲用植物，家畜不喜食。

花序

植株

◎ 猬菊

学名：*Olgaea lomonosowii*（Trautv.）Iljin

科：菊科 Compositae　　**属**：猬菊属 *Olgaea*

特征：多年生草本，高 15～60 cm；茎单生，基部直径达 1 cm，被棕褐色残存的叶柄，全部茎枝有条棱，灰白色，被密厚绒毛或变稀毛；叶长椭圆形，羽状浅裂或深裂，裂片边缘具小刺齿，叶背面密被灰白色毡毛，茎生叶向上渐小；头状花序单生枝端，总苞片多层，多数，质地坚硬，顶端针刺状长渐尖；管状花紫色，裂片线形；瘦果楔状倒卵形，顶端截形。花果期 7—10 月。

分布：中国吉林、内蒙古、甘肃、宁夏、河北及山西；蒙古也有分布。

生境：山谷、山坡、沙窝或河槽地。

用途：药用。

◎ 草地风毛菊

学名：*Saussurea amara*（L.）DC.

科：菊科 Compositae　　属：风毛菊属 *Saussurea*

特征：多年生草本，高 10～60 cm；茎直立，有纵沟棱；基生叶与下部茎叶，边缘通常全缘或有或不等大的波状浅齿；中上部茎叶渐小，全缘，椭圆形或披针形；头状花序在茎枝顶端排成伞房状或伞房圆锥花序；总苞钟状或圆柱形；管状小花淡紫色，长 1.5 cm；瘦果长圆形，长 3 mm，有 4 肋，冠毛白色，2 层，外层短，糙毛状，内层长，羽毛状。花果期 7—10 月。

分布：中国东北至西北；欧洲、俄罗斯、哈萨克斯坦、乌兹别克斯坦、塔吉克斯坦及蒙古有分布。

生境：荒地、路边、草地、山坡、盐碱地。

用途：中等饲用植物。

植株

◎ 倒羽叶风毛菊（碱地风毛菊）

学名：*Saussurea runcinata* DC.

科：菊科 Compositae　　属：风毛菊属 *Saussurea*

特征：多年生草本，高 5～60 cm；茎直立，单生或少数茎簇生,；基生叶及下部茎叶倒向羽状深裂或全裂，叶柄长，基部扩大成鞘，上部叶较小，全缘或有小锯齿，全部叶两面无毛；头状花序多数在茎枝顶端排成伞房花序或伞房圆锥花序；总苞钟状，总苞片4～6 层，顶端有扩大的紫色膜质附片，边缘有睫毛；管状花紫红色；瘦果圆柱状，冠毛淡黄褐色。花果期 7—9 月。

分布：中国东北、华北、西北；俄罗斯及蒙古有分布。

生境：河滩潮湿地、盐碱地、沟边石缝中。

用途：低等饲用植物，夏、秋季牛羊、骆驼采食。

◎ 鸦葱

学名：*Scorzonera austriaca* Willd.

科：菊科 Compositae　　属：鸦葱属 *Scorzonera*

特征：多年生草本，高 5～35 cm，根颈处密被纤维状叶鞘残遗；茎多数，直立，不分枝，含白色乳汁；基生叶条形至长椭圆状卵形，边缘平展或稍波状皱曲，茎生叶 2～3，基部半抱茎；头状花序，总苞片边缘膜质；舌状花黄色；瘦果圆柱形，冠毛污白色。花果期 5—8 月。

分布：中国东北、华北、西北；蒙古、俄罗斯西伯利亚、欧洲、地中海地区也有分布。

生境：草原、草甸、林缘。

用途：中等饲用植物。

◎ 棉毛鸦葱（头序鸦葱）

学名：*Scorzonera capito* Maxim.

科：菊科 Compositae　　　　**属**：鸦葱属 *Scorzonera*

特征：多年生草本，高 5～13 cm，全株含白色乳汁；茎少数或多数簇生，直立、铺散或基部弧曲；全部茎枝被柔毛或稀毛至无毛；基生叶莲座状，长椭圆形或宽披针形，边缘皱波状，茎生叶小，半抱茎；头状花序生茎枝顶端；总苞边缘膜质，被蛛丝状毛；舌状小花黄色；瘦果圆柱状，冠毛污白色，大部为羽毛状，羽枝纤细，蛛丝毛状。花果期 5—8 月。

分布：中国内蒙古、宁夏；蒙古也有分布。

生境：荒漠或半荒漠的砾石质山坡、沙地、山前平原。

用途：饲用；也可入药。

花序

植株

基生叶

◎ 拐轴鸦葱

学名：*Scorzonera divaricata* Turcz.

科：菊科 Compositae　　属：鸦葱属 *Scorzonera*

特征：多年生草本，高 20～70 cm；茎直立，自基部多分枝，分枝铺散或直立或斜升，全部茎枝灰绿色，被尘状短柔毛或脱毛至无毛，纤细，茎基裸露；叶线形或丝状，先端长渐尖，常卷曲成明显或不明显钩状，向上部的茎叶短小；头状花序单生茎枝顶端，形成明显或不明显的疏松的伞房状花序，具 4～5 枚舌状小花；总苞狭圆柱状；舌状小花黄色；瘦果圆柱状，冠毛污黄色，羽毛状或羽枝蛛丝毛状。花果期 5—9 月。

分布：中国内蒙古、河北、山西、陕西、甘肃；蒙古也有分布。

生境：半荒漠和荒漠地带的干河床、沟谷及沙地中的丘间低地、固定沙丘上。

用途：中等饲用植物，青鲜时羊、骆驼乐食。

花序

植株

◎ 额河千里光

学名：*Senecio argunensis* Turcz.

科：菊科 Compositae　　属：千里光属 *Senecio*

特征：多年生草本，高 30～100 cm；茎直立，单一，中部以上分枝；下部叶花期枯萎，中部叶羽状浅裂或深裂，或近 2 回羽裂，裂片全缘或具齿，上部叶片少，或全缘；头状花序多数，在茎枝端排列成复伞房花序，花序梗被蛛丝状毛；舌状花和管状花黄色；瘦果黄棕色，冠毛白色。花果期 7—9 月。

分布：中国东北至西北，华东、华中；朝鲜、日本、蒙古、俄罗斯也有分布。

生境：林缘、草甸、灌丛、田边、沟畔。

用途：低等饲用植物，冬季枯叶家畜喜食；全草入药。

花序

植株

◎ 麻花头

学名：*Serratula centauroides* L.

科：菊科 Compositae　　**属**：麻花头属 *Serratula*

特征：多年生草本，高 40～100 cm；茎直立，具纵沟棱，上部少分枝或不分枝，被皱曲长柔毛；叶羽状深裂或全裂，裂片边缘具不规则缺刻状疏齿；头状花序少数，单生茎端，总苞片 10～12 层，覆瓦状排列，被蛛丝状毛，顶端针刺；小花红色，红紫色或白色；瘦果倒圆锥形，褐色，冠毛褐色或略带土红色。花果期 6—9 月。

分布：中国东北、华北、陕西等地；蒙古、俄罗斯西伯利亚也有分布。

生境：山坡林缘、草原、草甸、路旁或田间。

用途：幼嫩时家畜采食，中等饲用植物。

花序

植株

◎ 蒲公英

学名：*Taraxacum mongolicum* Hand.-Mazz.

科：菊科 Compositae　　**属**：蒲公英属 *Taraxacum*

特征：多年生草本，高 10～30 cm，全株含白色乳汁。叶基生，无茎，倒卵状披针形，大头羽裂或倒向羽裂，边缘有时具波状齿或深裂，疏被蛛丝状白色柔毛或几无毛。花葶 1 至数个，头状花序；总苞钟状，淡绿色，总苞片 2～3 层，先端增厚成角状突起；舌状花黄色。瘦果暗褐色，冠毛白色。花期 4—9 月，果期 5—10 月。

分布：中国东北、华北、华东、华中、西北和西南等省区；朝鲜、蒙古、俄罗斯也有分布。

生境：山坡草地、路边、田野、河滩。

用途：全草供药用；饲用；食用。

植株

◎ 华蒲公英

学名：*Taraxacum sinicum* Kitag.

科：菊科 Compositae　　属：蒲公英属 *Taraxacum*

特征：多年生草本；植株通常较小；叶基生，莲座状，平展，叶狭披针形或长圆状线形，倒向羽状深裂至几乎全裂，顶端裂片长戟形，稀三角形，全缘，叶基有时显紫红色；花葶单个或数个，幼时被绵毛，花时顶端被少量蛛丝状毛；总苞桶状钟形，淡绿色；舌状花两性，黄色；瘦果长圆状倒卵形，冠毛白色。花果期 6—8 月。

分布：中国东北、华北等地；蒙古及俄罗斯有分布。

生境：盐化草甸。

用途：优质饲用植物；全株入药。

植株

花序

果实

◎ 狗舌草

学名：*Tephroseris kirilowii*（Turcz. ex DC.）Holub

科：菊科 Compositae　　属：狗舌草属 *Tephroseris*

特征：多年生草本，高 20～60 cm；茎单生，直立，不分枝，全株被密白色蛛丝状毛；基生叶莲座状，长圆形或卵状长圆形，顶端钝，具小尖；头状花序 3～11 个排列成顶生伞房花序，总苞近圆柱状钟形，舌状花 13～15，舌片黄色，长圆形，顶端钝，具 3 细齿，4 脉。管状花多数，花冠黄色；瘦果圆柱形，被密硬毛，冠毛白色。花期 2—8 月。

分布：中国东北、华北、华中及华东及西南各省区广泛分布；俄罗斯远东地区、朝鲜、日本也有分布。

生境：山地草原、河滩。

用途：幼嫩时牛羊采食，低等饲用植物。

花序

植株

◎ 碱小苦苣菜（碱黄鹌菜）

学名：*Youngia stenoma*（Turcz.）Ledeb.

科：菊科 Compositae　　属：碱黄鹌菜属 *Youngia*

特征：多年生草本，高 10～50 cm，含白色乳汁；茎直立，单生，具有纵棱，不分枝，无毛；叶线形或线状披针形，顶端急尖，基部扩大抱茎，全缘或浅波状锯齿或锯齿；头状花序沿茎上部排成总状花序或总状狭圆锥花序；总苞片背部近顶端有角状附属物；舌状小花，黄色，8～12 枚；瘦果纺锤形。花果期 7—9 月。

分布：中国东北，内蒙古、河北、甘肃、西藏；俄罗斯东西伯利亚地区有分布。

生境：草原沙地及盐渍地。

用途：全草入药；饲用。

花序

四十三、眼子菜科

◎ 海韭菜

学名：*Triglochin maritimum* L.

科：眼子菜科 Potamogetonaceae　　**属**：水麦冬属 *Triglochin*

特征：多年生草本，植株稍粗壮。根茎短，着生多数须根；叶基生，条形，稍肉质；花葶直立，较粗壮，圆柱形，光滑，高 20～50 cm；总状花序顶生，中上部着生多数排列较紧密的花；花梗长约 1 mm，花被片 6 枚，绿色；雄蕊 6 枚，分离，无花丝；雌蕊淡绿色，由 6 枚合生心皮组成，柱头毛笔状；蒴果 6 棱状椭圆形或卵形，成熟后呈 6 瓣开裂。花果期 6—10 月。

分布：中国东北、华北、西北、西南各省区；也广布于北半球温带和寒带。

生境：河湖边盐渍化草甸、湿沙地或海边盐滩。

用途：全草及果实可药用；西藏地区羊采食。

植株

◎ 水麦冬

学名：*Triglochin palustris* L.

科：眼子菜科 Potamogetonaceae **属**：水麦冬属 *Triglochin*

特征：多年生湿生草本，具多数须根；叶全部基生，条形，花葶细长，直立，圆柱形，高 20～60 cm；总状花序，花排列较疏散，无苞片；花梗长约 2 mm；花被片 6 枚，绿紫色；蒴果棒状条形，成熟时 3 瓣开裂，仅顶部联合。花果期 6—10 月。

分布：中国东北、华北、西北、西南；北美、欧洲及亚洲。

生境：咸湿地或浅水处。

用途：药用；植株含氢氰酸，对家畜有毒。

植株

四十四、百合科

◎ 黄花葱

学名：*Allium condensatum* Turcz.

科：百合科 Liliaceae　　属：葱属 *Allium*

特征：多年生草本；鳞茎狭卵状柱形至近圆柱状，鳞茎外皮红褐色；叶圆柱状或半圆柱状，中空，比花葶短；花葶圆柱状，实心，总苞2裂；伞形花序球状，具多而密集的花；花淡黄色或白色；花被片卵状矩圆形，钝头；花丝长于花被片；花柱伸出花被外。花果期7—9月。

分布：中国东北、华北；俄罗斯西伯利亚东部以及蒙古、朝鲜也有分布。

生境：草原、草甸及山坡上。

用途：优质饲草；也可食用。

花序

◎ 蒙古韭

学名：*Allium mongolicum* Regel

科：百合科 Liliaceae　　**属**：葱属 *Allium*

特征：多年生草本，鳞茎密集丛生，外皮褐黄色，破裂成松散的纤维状。叶半圆柱状至圆柱状，灰绿色，短于花葶；花葶圆柱状；总苞单侧开裂，宿存；伞形花序半球状至球状，花淡红色、淡紫色至紫红色，多数，较大；花被片 6，卵状矩圆形。花期 7～9 月。

分布：中国华北、西北、东北；蒙古、俄罗斯西伯利亚也有分布。

生境：荒漠、沙地或干旱山坡。

用途：优等饲用植物；药用；食用。

花序

◎ 野韭

学名：*Allium ramosum* L.

科：百合科 Liliaceae　　**属**：葱属 *Allium*

特征：多年生草本，鳞茎近圆柱状，外皮暗黄色至黄褐色，破裂成纤维状网；叶三棱状条形，中空，比花序短；花葶圆柱状，高 25～60 cm；总苞单侧开裂或 2 裂，膜质；伞形花序半球状或近球状，花多数；花被片 6，白色，稀淡红色，具红色中脉，先端具短尖头或钝圆；花果期 6—9 月。

分布：中国东北至西北；中亚、俄罗斯西伯利亚以及蒙古也有分布。

生境：向阳山坡、草坡或草地上。

用途：食用；优等饲用植物。

花序

◎ 细叶韭

学名：*Allium tenuissimum* L.

科：百合科 Liliaceae　　**属**：葱属 *Allium*

特征：多年生草本，鳞茎数枚聚生，外皮紫褐色、黑褐色至灰黑色，膜质；叶半圆柱状至近圆柱状，与花葶近等长，花葶圆柱状，具细纵棱，光滑，高 10～50 cm；总苞单侧开裂，具喙；伞形花序半球状，松散，花被片 6，白色或淡红色，稀为紫红色。花果期 7—9 月。

分布：中国长江流域以北各省区；俄罗斯西伯利亚地区以及蒙古也有分布。

生境：山坡、草地、沙丘、田埂、路旁。

用途：家畜的优质抓膘牧草；叶和花可以食用。

植株

◎ 兴安天门冬

学名：*Asparagus dauricus* Fisch. ex Link

科：百合科 Liliaceae　　属：天门冬属 *Asparagus*

特征：多年生直立草本，高约 30～70 cm；根细长，茎直立，分枝斜升，有条纹；叶状枝每 1～6 枚成簇，和分枝相交成锐角；叶鳞片状；花每 2 朵腋生，黄绿色；浆果球形，成熟时红色或黑色。花期 5—6 月，果期 7—9 月。

分布：中国东北、华北和江苏；朝鲜、蒙古和俄罗斯西伯利亚也有分布。

生境：林缘、草甸、草原、沙丘或干燥山坡上。

用途：嫩枝叶家畜采食。

植株

◎ 曲枝天门冬

学名：*Asparagus trichophyllus* Bunge

科：百合科 Liliaceae　　**属**：天门冬属 *Asparagus*

特征：多年生草本，高 20～70 cm；根稍肉质；茎平滑，中部以上分枝强烈回折状，分枝基部先下弯而后上升；叶状枝通常每 5～10 枚成簇，叶鳞片状；花 1～2 朵腋生，花冠钟形，黄绿色；浆果球形，熟时红色花期 5—6 月，果期 8—10 月。

分布：中国辽宁、内蒙古、河北、山西等地；朝鲜、日本、老挝和越南。

生境：山坡、路旁、疏林、灌丛。

用途：块根入药；嫩枝叶家畜采食。

植株

◎ 少花顶冰花

学名：*Gagea pauciflora* Turcz.

科：百合科 Liliaceae　　　　**属**：顶冰花属 *Gagea*

特征：多年生草本，高 8～28 cm；基生叶 1 枚，长 10～25 cm，通常脉上和边缘疏生微柔毛，茎生叶 1～3 枚，披针状条形；花 1～3 朵，排成近总状花序；花被片 6 条形，绿黄色，花药长 2～3.5 cm，柱头 3 深裂；蒴果近倒卵形。花期 4—6 月，果期 6—7 月。

分布：中国内蒙古、河北、陕西、甘肃、青海、西藏；俄罗斯、蒙古也有分布。

生境：山地草原、灌丛及田边空地或沙丘上。

用途：饲用。

花

◎ 萱草

学名：*Hemerocallis fulva*（L.）L.

科：百合科 Liliaceae　　**属**：萱草属 *Hemerocallis*

特征：多年生宿根草本；根近肉质，中下部有纺锤状膨大；叶一般较宽，条状披针形，长 30～60 cm；花葶长于叶，花冠橘红色至橘黄色，花早上开、晚上凋谢，无香味，内花被裂片下部一般有“∧”形彩斑。花果期 5—7 月。

分布：中国各地常见栽培，秦岭以南各省区有野生种；萱草原产于中国，有 2000 多年的栽培历史。

生境：耐寒、喜湿润也耐旱，适应性强。

用途：药用植物；园林观赏；提取染料。

花

植株

◎ 黄精

学名：*Polygonatum sibiricum* Redoute.

科：百合科 Liliaceae　　　　**属**：黄精属 *Polygonatum*

特征：多年生草本，高 50～90 cm；根状茎圆柱状，结节膨大；茎直立或近攀缘状；叶轮生，每轮 4～6 枚，矩圆状披针形至条状披针形或条形；花 2～4 朵腋生；花梗下垂，花被筒状钟形，乳白色至淡黄色，花被筒中部略有缢缩；浆果黑色。花期 5—6 月，果期 8—10 月。

分布：中国东北、华北、华东，陕西、宁夏、甘肃；蒙古、朝鲜、俄罗斯西伯利亚也有分布。

生境：林下、灌丛、山坡草地，。

用途：饲用；根状茎入药；观赏。

花苞

植株

◎ 藜芦

学名：*Veratrum nigrum* L.

科：百合科 Liliaceae　　**属**：藜芦属 *Veratrum*

特征：多年生草本，高 60～100 cm；茎粗壮，直立，基部留存黑色纤维网状的枯叶鞘；叶椭圆形、宽卵状椭圆形或卵状披针形，长 22～25 cm，宽约 10 cm，薄革质；圆锥花序，密生黑紫色花，花被片 6。花果期 7—9 月。

分布：中国东北、华北、华中，四川和贵州；亚洲北部和欧洲中部也有分布。

生境：草甸、林缘、灌丛。

用途：药用；观赏。

植株

花序

四十五、鸢尾科

◎ 野鸢尾（射干）

学名：*Iris dichotoma* Pall.

科：鸢尾科 Iridaceae　　**属**：鸢尾属 *Iris*

特征：多年生草本，高 40～60 cm；须根发达，黄白色；茎上部叉状分枝；基生叶剑形，扁平，基部鞘状抱茎；花序生于分枝顶端，苞片 4～5 枚，膜质，边缘白色，包含有 3～4 朵花；花蓝紫色或浅蓝色，有棕褐色的斑纹；花柱分枝 3，花瓣状；蒴果圆柱形，果皮黄绿色，革质。花期 7—8 月，果期 8—9 月。

分布：中国东北至西北；俄罗斯、蒙古也有分布。

生境：沙质草地、山坡石隙等向阳干燥处。

用途：观赏植物；饲用。

叶

花

◎ 马蔺

学名：*Iris lactea* Pall.

科：鸢尾科 Iridaceae　　**属**：鸢尾属 *Iris*

特征：多年生密丛草本，须根黄白色；根状茎粗壮，外被大量枯叶鞘及毛发状的纤维；叶基生，坚韧，灰绿色，条形或狭剑形；花冠为浅蓝色、蓝色或蓝紫色；蒴果长椭圆状柱形，有 6 条明显的肋，顶端有短喙；花期 4—6 月，果期 6—9 月。

分布：中国东北至西北及华东、华中，西藏；朝鲜、日本、蒙古、西亚和中亚地区也有分布。

生境：荒地、路边及盐碱化草场。

用途：观赏、水土保持；叶在冬季可作牛、羊、骆驼的饲料；花和种子药用。

植株

花

果实

四十六、灯心草科

◎ 灯心草

学名：*Juncus effusus* L.

科：灯心草科 Juncaceae　　属：灯心草属 *Juncus*

特征：多年生草本，高 27～91 cm，根状茎粗壮横走；茎丛生，直立，圆柱形，具纵条纹，茎内充满白色的髓心；叶全部为低出叶，包围在茎的基部，长 1～22 cm，基部红褐至黑褐色；叶片退化为刺芒状；聚伞花序假侧生，含多花；花淡绿色；花被片 6，线状披针形，2 轮排列，顶端锐尖，背脊增厚突出，边缘膜质；蒴果长圆形或卵形，黄褐色，黄褐色。花期 4—7 月，果期 6—9 月。

分布：中国南北各地；全世界温暖地区均有分布。

生境：河边、池旁、水沟，稻田旁、草地及沼泽湿地。

用途：中等饲用植物；茎内白色髓心除供点灯和烛心用外，还可入药；茎皮纤维可作编织和造纸原料。

四十七、禾本科

◎ 芨芨草

学名：*Achnatherum splendens*（Trin.）Nevski

科：禾本科 Gramineae　　**属**：芨芨草属 *Achnatherum*

特征：多年生草本，植株具粗而坚韧外被砂套的须根；茎秆直立，高 50～250 cm，坚硬，形成大的密丛；叶片质坚韧，内卷或扁平，粗糙；圆锥花序长开花时呈金字塔形开展，具 2～6 分枝；小穗含 1 个小花；颖膜质，披针形，外稃芒长 5～12 mm，背部和基盘密生柔毛，花果期 6—9 月。

分布：中国华北、西北、东北、西藏；蒙古、俄罗斯也有分布。

生境：微碱性的草滩及沙土山坡上。

用途：早春幼嫩时，为牲畜良好的饲料；盐碱地改良和水土保持植物；纤维植物，供造纸及人造丝，又可编织筐、草帘、扫帚等，叶浸水后，韧性极大，可做草绳。

植株

穗

◎ 菵草

学名：*Beckmannia syzigachne*（Steud.）Fern.

科：禾本科 Gramineae　　**属**：菵草属 *Beckmannia*

特征：一年生草本，秆直立，基部微膝曲，高 15～90 cm；叶片扁平，叶舌透明膜质；圆锥花序长 10～30 cm；小穗扁平，圆形，灰绿色，常含 1 小花；颖草质，边缘质薄，白色，背部灰绿色，具淡色的横纹；外稃披针形，具 5 脉，先端有芒尖。果期 4—10 月。

分布：中国各地广泛分布；北半球热带和温带也有分布。

生境：湿地，水沟边及浅的流水中。

用途：春、夏季适时刈割干制可作优质干草饲用。

植株

花序

◎ 拂子茅

学名：*Calamagrostis epigeios*（L.）Roth

科：禾本科 Gramineae　　**属**：拂子茅属 *Calamagrostis*

特征：多年生草本，高 45～100 cm，具根状茎；茎秆直立；叶鞘平滑或稍粗糙；叶舌膜质，长圆形，先端易破裂；叶片条形长 15～27 cm，上面及边缘粗糙，下面较平滑；圆锥花序紧密，圆筒形，常间断，长 10～30 cm，中部径 1.5～4 cm，分枝粗糙，直立或斜向上升；小穗淡绿色或带淡紫色；两颖近等长或第二颖微短，先端渐尖，具 1 脉，第二颖具 3 脉；外稃透明膜质，长约为颖之半，顶端具 2 齿，芒自稃体背中部附近伸出。花果期 5—9 月。

分布：分布遍及中国各地；欧亚大陆温带地区皆有分布。

生境：潮湿地及河岸沟渠旁。

用途：优质牧草，早春或初夏牛羊喜食；园林绿化植物。

植株

花序

◎ 虎尾草

学名：*Chloris virgata* Sw.

科：禾本科 Gramineae　　　　**属**：虎尾草属 *Chloris*

特征：一年生草本，高 12～75 cm；秆直立或基部膝曲，光滑无毛；叶片线形；穗状花序 5 至 10 余枚，长 1.5～5 cm，指状着生于秆顶，常直立而并拢成毛刷状，有时包藏于顶叶之膨胀叶鞘中，成熟时常带紫色；颖果纺锤形，淡黄色。花果期 6—10 月。

分布：遍布于中国各省区；南北半球热带至温带均有分布。

生境：路旁荒野，河岸沙地、土墙及房顶上。

用途：家畜喜食的良等牧草。

花序

植株

◎ 糙隐子草

学名：*Cleistogenes squarrosa*（Trin.）Keng

科：禾本科 Gramineae　　**属**：隐子草属 *Cleistogenes*

特征：多年生密丛型草本，高 10～30 cm；茎秆直立或铺散，纤细，具多节，植株绿色，秋季经霜后常变成紫红色；叶鞘多长于节间，无毛；叶舌具短纤毛；叶片线形，扁平或内卷，粗糙；圆锥花序狭窄，绿色或带紫色。花果期 7—9 月。

分布：中国东北、华北及甘肃、新疆等地；蒙古、俄罗斯西伯利亚、高加索及欧洲也有分布。

生境：干旱草原、丘陵坡地、沙地，固定或半固定沙丘、山坡等处。

用途：优良牧草，各种家畜均喜采食，羊、马和驴最喜食。

植株 1

植株 2

◎ 画眉草

学名：*Eragrostis pilosa*（L.）Beauv.

科：禾本科 Gramineae　　　　**属**：画眉草属 *Eragrostis*

特征：一年生草本，高 15～60 cm；茎秆丛生，直立或基部膝曲，通常具 4 节，光滑；叶鞘的鞘口有长柔毛；叶舌退化为一圈纤毛，叶片线形扁平或卷缩，无毛；圆锥花序较开展，小穗成熟后，暗绿色或带紫黑色，具 4～14 朵小花；颖果长圆形。花果期 8—11 月。

分布：广布于中国各地以及全世界温暖地区。

生境：草地、荒地、田野。

用途：良等牧草；全草入药。

花序

植株

◎ 短芒大麦草（野大麦）

学名：*Hordeum brevisubulatum*（Trin.）Link

科：禾本科 Gramineae　　　　**属**：大麦属 *Hordeum*

特征：多年生草本，具短根茎，高 40～80 cm，秆疏丛生，直立或基部弯曲；叶鞘无毛，具淡黄色尖形的叶耳，叶舌膜质，叶片扁平；穗状花序灰绿色，成熟时带紫色；穗轴每节具三联小穗，小穗含 1 小花；颖为针状，外稃顶端具 1～2 mm 长的尖头；颖果端具毛。花期 6—8 月。

分布：中国东北、华北、西北及西藏等省区；蒙古、俄罗斯及亚洲中部有分布。

生境：河边及低湿盐化草甸。

用途：优良牧草，在东北、内蒙古、青海等地均有试种栽培；也是盐碱地改良的先锋植物。

植株

群体

花序

◎ 芒颖大麦草（芒麦草）

学名：*Hordeum jubatum* L.

科：禾本科 Gramineae　　**属**：大麦属 *Hordeum*

特征：越年生植物；秆丛生，直立或基部稍倾斜，平滑无毛，高 30～45 cm；叶舌干膜质、截平，叶片扁平，粗糙。穗状花序柔软，绿色或稍带紫色，穗轴成熟时逐节断落，棱边具短硬纤毛；小穗两侧各具长约 1 mm 的柄，两颖为长 5～6 cm 弯软细芒状，其小花通常退化为芒状，外稃披针形，先端具长达 7 cm 的细芒；花果期 5—8 月。

分布：入侵种，原产北美及欧亚大陆的寒温带，中国东北、华北、甘肃等地有逸生。

生境：路旁、田野、草甸。

用途：优等牧草，幼嫩时家畜采食；可做观赏草。

花序

植株

◎ 白茅

学名：*Imperata cylindrica*（L.）Beauv.

科：禾本科 Gramineae　　**属**：白茅属 *Imperata*

特征：多年生草本，具粗壮的长根状茎；秆直立，高 30～80 cm，具 1～3 节，节无毛；叶鞘聚集于秆基，老后破碎呈纤维状；茎生叶窄线形，常内卷，顶端渐尖呈刺状，下部渐窄，或具柄，质硬，被有白粉，基部上面具柔毛；圆锥花序稠密，基盘具丝状柔毛；花柱细长，柱头 2，紫黑色，羽状，自小穗顶端伸出；颖果椭圆形。花果期 4—6 月。

分布：中国华北、西北、华中及西南等地；非洲北部、西亚、中亚、高加索及地中海区域。

生境：低山带平原河岸草地、沙质草甸、荒漠与海滨。

用途：幼嫩时家畜采食。

植株

花序

◎ 落草

学名：*Koeleria macrantha*（Ledeb.）Schultes

科：禾本科 Gramineae　　**属**：落草属 *Koeleria*

特征：多年生草本，密丛型；茎秆高 25～45 cm，花序下被绒毛；叶片扁平或内卷，叶鞘枯萎后残存于基部；圆锥花序紧密呈穗状，主轴及分枝均密被短柔毛；小穗含 2（稀 3）个小花；外稃披针形，先端及边缘宽膜质，内稃稍短于外稃，先端 2 裂。花果期 6—9 月。

分布：中国东北、华北、西北等地区；俄罗斯、瑞典、匈牙利、丹麦、美国、加拿大等国均有分布。

生境：草原、草甸。

用途：草质柔软，牛羊喜食，良等牧草；药用植物。

植株

◎ 赖草

学名：*Leymus secalinus*（Georgi）Tzvel.

科：禾本科 Gramineae　　**属**：赖草属 *Leymus*

特征：多年生草本，高 40～100 cm，具下伸和横走的根茎；秆单生或丛生，直立，具 3～5 节；叶扁平或内卷，上面及边缘粗糙或具短柔毛，下面平滑或微粗糙；穗状花序直立，灰绿色，穗轴被短柔毛，小穗每节通常 2～3，稀 1 或 4 枚小穗，每小穗含 4～7（10）个小花；颖短于小穗，线状披针形，先端狭窄如芒；外稃披针形，边缘膜质，先端渐尖或具长 1～3 mm 的芒。花果期 6—10 月。

分布：中国西北、华北、东北等省区；蒙古、中亚、朝鲜、日本、俄罗斯西伯利亚均有分布。

生境：生境范围较广，可见于沙地、平原绿洲及山地草原带。

用途：家畜喜食的优良饲草；防风固沙及水土保持植物；根入药。

群体

花序

◎ 芦苇

学名：*Phragmites australis*（Cav.）Trin. ex Steud.

科：禾本科 Gramineae　　属：芦苇属 *Phragmites*

特征：多年生草本，高 100～300 cm；具根状茎；秆直立或斜生，坚硬，分枝多数；叶片披针状线形，光滑或边缘粗糙；圆锥花序大型，开展，长 20～40 cm，宽约 10 cm；小穗下垂，长约 12 mm，含 3～5 枚小花；颖先端锐尖，基盘被柔毛。花期 7—9 月。

分布：中国各地分布；全球广布。

生境：江河湖泽、池塘沟渠沿岸和低湿地。

用途：茎、叶嫩时为饲料；根状茎供药用；茎秆可作为工业造纸或编织原料。

群体

花序

◎ 草地早熟禾

学名：*Poa pratensis* L.

科：禾本科 Gramineae **属**：早熟禾属 Poa

特征：多年生草本，高 50～90 cm，具发达的匍匐根状茎；茎秆直立疏丛生，具 2～4 节；叶鞘平滑或糙涩，长于其节间，并较其叶片为长，叶舌膜质，叶片线形，扁平或内卷；圆锥花序金字塔形或卵圆形，分枝开展，每节 3～5 枚小穗；小穗柄较短；小穗卵圆形，绿色至草黄色，含 3～4 小花；颖卵圆状披针形，顶端尖，平滑，有时脊上部微粗糙，第一颖长具 1 脉，第二颖具 3 脉；外稃膜质，顶端稍钝，具少许膜质；颖果纺锤形，具 3 棱。花期 5—6 月，7—9 月结实。

分布：中国东北，黄河流域，四川，江西；欧亚大陆温带和北美广泛分布。

生境：湿润草甸、沙地、草坡。

用途：重要牧草和草坪及水土保持植物，世界温带地区各地普遍引种栽培。

花序

◎ 硬质早熟禾

学名：*Poa sphondylodes* Trin.

科：禾本科 Gramineae　　**属**：早熟禾属 *Poa*

特征：多年生密丛型草本，茎直立，高 30～60 cm，具 3～4 节，近花序多处稍糙粗；叶鞘基部带淡紫色，一般长于其叶片；圆锥花序紧缩而稠密，每节 2～5 个分枝；小穗绿色，熟后草黄色，含 4～6 小花；颖具 3 脉，先端锐尖，硬纸质，外稃坚纸质，具 5 脉，先端极窄膜质，脊下部 2/3 和边脉下部 1/2 具长柔毛，基盘具中量绵毛。花果期 6—8 月。

分布：中国东北、华北、西北、山东、江苏；蒙古、日本、俄罗斯西伯利亚。

生境：干燥的山坡草原、灌丛、林缘。

用途：良等饲用牧草；也可药用。

植株

◎ 沙鞭

学名：*Psammochloa villosa*（Trin.）Bor.

科：禾本科 Gramineae　　属：沙鞭草属 *Psammochloa*

特征：多年生草本，具地下横走的根状茎；茎秆直立，高 1～2 m，光滑，基部具有黄褐色枯萎的叶鞘；叶鞘光滑，几包裹全部植株，叶舌膜质；叶片坚硬，扁平，常先端纵卷，平滑无毛；圆锥花序紧密直立，长达 50 cm；小穗白色或灰白色，具短梗，含 1 小花；两颖近等长或第一颖稍短，披针形，被微毛；外稃长 10～12 mm，背部密生长柔毛，顶端具 2 微齿，芒直立，易脱落，长 7～10 mm；内稃近等长于外。花果期 5—9 月。

分布：中国主要分布在内蒙古、宁夏、甘肃、新疆、青海、陕西北部的沙区；蒙古也有分布。

生境：草原带、荒漠草原带及荒漠地区的流动沙丘。

用途：中等品质多年生牧草，牛、骆驼一年四季喜食；固沙植物。

植株

◎ 针茅（克氏针茅）

学名：*Stipa capillata* L.

科：禾本科 Gramineae　　**属**：针茅属 *Stipa*

特征：多年生密丛型草本，茎秆直立，高 30~60 cm；叶鞘光滑；叶舌披针形，白色，膜质；基生叶长达 30 cm，茎生叶长 10~20 cm；圆锥花序基部包于叶鞘内，分枝细弱，2~4 枝簇生；小穗稀疏；颖披针形，草绿色，成熟后淡紫色，光滑，先端白色，膜质，第一颖略长，具 3 脉，第二颖稍短，具 4~5 脉；外稃顶端关节处被短毛，密被白色柔毛；芒二回膝曲，光滑，第一芒柱扭转，长 2~2.5 cm，第二芒柱长约 1 cm，芒针长约 7～42 cm，丝状弯曲。花期 6—7 月。

分布：中国华北到西北，西藏；蒙古、俄罗斯西伯利亚南部、哈萨克斯坦东部、中亚。

生境：高平原、丘陵坡地；温带典型草原建群种。

用途：良等牧草，抽穗前牛、马、羊喜食。

植株

花序

四十八、香蒲科

◎ 香蒲

学名：*Typha orientalis* Presl

科：香蒲科 Typhaceae　　**属**：香蒲属 *Typha*

特征：多年生水生或沼生草本；根状茎乳白色，地上茎粗壮，向上渐细，高 1.3～2 m；叶片条形，光滑无毛，上部扁平，叶鞘抱茎；雌雄花序紧密连接；雄花序长 2.7～9.2 cm，雌花序长 4.5～15.2 cm；花果期 5—8 月。

分布：中国东北、华北、西北及西南；菲律宾、日本、俄罗斯及大洋洲等地均有分布。

生境：湖泊、池塘、沟渠、沼泽及河流缓流带。

用途：重要的水生经济植物之一。叶片用于编织、造纸等；幼叶基部和根状茎先端可作蔬食；观赏植物。

植株

花序

四十九、莎草科

◎ 寸草（寸草苔）

学名：*Carex duriuscula* C. A. Mey.

科：莎草科 Cyperaceae　　　　属：苔草属 *Carex*

特征：多年生草本，高 5～20 cm；根状茎细长、匍匐；茎秆纤细，平滑，基部叶鞘灰褐色，细裂成纤维状；叶短于茎秆，内卷，边缘稍粗糙；苞片鳞片状；穗状花序卵形或球形；小穗 3～6 个，卵形，密生，具少数花；果囊稍长于鳞片，平凸状，革质，锈色或黄褐色，顶端急缩成短喙；小坚果稍疏松地包于果囊中，近圆形或宽椭圆形。花果期 4—6 月。

分布：中国东北、华北、西北；俄罗斯、蒙古、朝鲜也有分布。

生境：草原，山坡、路边或河岸湿地，适应轻度盐碱化土壤。

用途：优良牧草，返青早，春季马、牛、羊、驴等喜食；北方城市绿化的草坪植物。

植株

花序

◎ 扁秆荆三棱（扁秆藨草）

学名：*Scirpus planiculmis*（F. Schmidt）T. V. Egorova

科：莎草科 Cyperaceae　　**属**：藨草属 *Scirpus*

特征：多年生草本，高 60～100 cm；具匍匐根状茎和块茎，茎秆一般较细，三棱形；叶扁平，向顶部渐狭，具长叶鞘；叶状苞片 1～3 枚，常长于花序；长侧枝聚伞花序短缩成头状，或有时具少数辐射枝，通常具 1～6 个小穗；小穗卵形或长圆状卵形，锈褐色；小坚果宽倒卵形，或倒卵形。花期 5—6 月，果期 7—9 月。

分布：中国东北、华北、西北、华东、华中、云南等地；蒙古、朝鲜、日本、俄罗斯。

生境：低湿草地或沼泽。

用途：饲用价值较低；可作为造纸编织原料；块茎可药用。

植株

◎ 三棱水葱（藨草）

学名：*Scirpus triqueter* L.

科：莎草科 Cyperaceae　　**属**：藨草属 *Scirpus*

特征：多年生草本，有匍匐根状茎；茎秆散生，粗壮，高 20～90 cm，三棱形；叶片扁平；长侧枝聚伞花序假侧生，有 1～8 个辐射枝；辐射枝三棱形，每枝顶端有 1～8 个簇生的小穗；小穗卵形或长圆形，密生许多花；小坚果倒卵形，平凸状，成熟时褐色。花果期 6—9 月。

分布：中国各地广布；俄罗斯、日本、朝鲜，中亚、欧洲、美洲有分布。

生境：水沟、水塘、山溪边或沼泽地。

用途：劣等饲草，幼期马、牛、猪、羊乐食；造纸和编织原料。

植株

◎ 水葱

学名：*Scirpus validus* Vahl.

科：莎草科 Cyperaceae　　　　**属**：藨草属 *Scirpus*

特征：多年生草本，具匍匐根状茎；茎秆高 30～130 cm，直立，圆柱状，中空；常无叶片，仅茎最上面一个叶鞘具短而狭的叶片；总苞片 1 枚，为茎的延长，常短于花序；圆锥花序，长枝假侧生，具 4～13 个辐射枝；小穗单生或 2～3 个簇生于辐射枝顶端，卵形或长圆形；鳞片膜质，棕色或紫褐色，背面有铁锈色瘤状突起。花果期 6—9 月。

分布：中国东北、华北、西南，甘肃、新疆；朝鲜、日本，澳大利亚、南北美洲也有分布。

生境：沼泽或沼泽草甸。

用途：中等饲用植物，生长早期利用；观赏植物。

花序

植株

第三章　栽培牧草及饲料作物

一、苋科

◎ 尾穗苋（籽粒苋）

学名：*Amaranthus caudatus* L.

科：苋科 Amaranthaceae

属：苋属 *Amaranthus*

植株

特征：一年生草本，高达 1.5 m；茎直立，粗壮，具钝棱角，单一或稍分枝，绿色，或常带粉红色；叶片菱状卵形或菱状披针形，长 4～15 cm，宽 2～8 cm，顶端短渐尖或圆钝，全缘或波状缘，绿色或红色，除在叶脉上稍有柔毛外，两面无毛；圆锥花序顶生，上升稍弯曲，有多数分枝，中央分枝特长，由多数穗状花序形成，顶端钝，花密集成雌花和雄花混生的花簇；花被片红色，透明；胞果近球形，红色，种子淡棕黄色。花期 7—8 月，果期 9—10 月。

分布：中国各地栽培，有时逸为野生；原产热带，全世界各地栽培。

生境：对土壤要求不严，生长期最佳适温 18～28℃，能耐 -2℃寒霜。

用途：供观赏；根供药用；家畜及家禽的青绿饲料。

二、豆科

◎ 柠条锦鸡儿

学名：*Caragana korshinskii* Kom.

科：豆科 Leguminosae　　**属**：锦鸡儿属 *Caragana*

特征：灌木，高 1～3 m；树皮金黄色，有光泽；托叶宿存并硬化成针刺；偶数羽状复叶，小叶倒披针形至短矩圆状倒披针形，密生绢毛；花单生，蝶形花冠黄色；子房无毛；荚果革质，深红褐色，顶端短渐尖。花期 4—5 月，果期 7 月。

分布：中国内蒙古、河北北部、宁夏、甘肃；蒙古也有分布。

生境：半固定和固定沙地、山坡。

用途：家畜良等饲用灌木植物，牛、羊喜食花和嫩茎叶；观赏或做绿篱；防风固沙、水土保持植物；蜜源植物；根、花、种子可药用。

◎ 百脉根

学名：*Lotus corniculatus* L.

科：豆科 Leguminosae　　属：百脉根属 *Lotus*

特征：多年生草本，高 15～50 cm，全株散生稀疏白色柔毛或秃净；茎丛生，平卧或上升，实心，近四棱；羽状复叶，小叶 5 枚，顶端 3 小叶，基部 2 小叶呈托叶状，斜卵形至倒披针状卵形；伞形花序，蝶形花冠黄色或金黄色，干后常变蓝色；荚果直，线状圆柱形，褐色。花期 5—9 月，果期 7—10 月。

分布：中国南北各地均有栽培，西北、西南和长江中上游有野生种；亚洲、欧洲、北美洲、大洋洲也有分布。

生境：湿润而呈弱碱性的山坡、草地、田野或河滩地。

用途：良好的家畜饲料；具根瘤菌，能改良土壤；优良的蜜源植物之一；观赏植物。

◎ 草木樨（黄香草木樨）

学名：*Melilotus officinalis*（L.）Pall.

科：豆科 Leguminosae　　**属**：草木樨属 *Melilotus*

特征：二年生草本，高 40～250 cm，植株有香味；茎直立，粗壮，多分枝；羽状三出复叶，小叶边缘具不整齐疏浅齿，总状花序长细长，腋生，具花 30～70 朵；花冠黄色；荚果卵形，有种子 1～2 粒。花期 5—9 月，果期 6—10 月。

分布：中国东北、华南、西南各地，其余各省常见栽培；欧洲地中海东岸、中东、中亚、东亚均有分布。

生境：田间、山坡、河岸、路旁、沙质草地、林缘及轻度盐碱化草地。

用途：优良豆科牧草；蜜源植物；绿肥、水土保持植物；药用植物。

◎ 紫苜蓿（紫花苜蓿）

学名：*Medicago sativa* L.

科：豆科 Leguminosae　　属：苜蓿属 *Medicago*

特征：多年生草本，高 30～100 cm；茎直立、丛生以至平卧，多分枝；羽状三出复叶；小叶长卵形、倒长卵形至线状卵形，边缘 1/3 以上具锯齿；总状花序较短，具花 5～30 枚；蝶形花冠，紫色、蓝紫色、淡蓝色、黄绿色、淡黄色，极少有白色；荚果螺旋状紧卷 2～6 圈，种子卵形，黄色或棕色。花期 5—7 月，果期 6—8 月。

分布：在中国主要栽培分布于北方地区，原产于中亚和伊朗；欧亚大陆和世界各国广泛种植。

生境：个别种逸生于田边、路旁、旷野、草原、河岸及沟谷等地。。

用途：优良的豆科牧草，牧草之王，各类家畜喜食；绿肥植物；蜜源植物。

植株

花序

叶

三、禾本科

◎ 冰草

学名：*Agropyron cristatum*（L.）Gaertn.

科：禾本科 Gramineae　　属：冰草属 *Agropyron*

特征：多年生草本，茎秆丛生，高 15～80 cm，有横走的短根茎，须根具沙套；叶片质较硬而粗糙，常内卷；穗状花序较粗壮，小穗紧密平行排列成两行，整齐呈篦齿状，含 5～7 小花；颖和外稃为舟形，被长柔毛，内稃脊上具短小刺毛。花期 7—8 月。

分布：中国东北至西北；欧洲、西伯利亚及中亚，蒙古也有分布。

生境：干草原、山坡、丘陵以及沙地。

用途：优良禾本科牧草。

◎ 燕麦

学名：*Avena sativa* L.

科：禾本科 Gramineae　　**属**：燕麦属 *Avena*

特征：一年生草本，高 100 cm 左右；叶片扁平，长 15～40 cm；小穗含 1～2 小花；小穗轴近于无毛或疏生短毛，不易断落；第一外稃背部无毛，基盘仅具少数短毛或近于无毛，无芒，或仅背部有一较直的芒，第二外稃无毛，通常无芒；颖果纺锤形，具簇毛，有纵沟。花果期 5—9 月。

分布：中国的东北、华北、华中、西北、西南、广东、广西都有栽培；欧洲、非洲和亚洲的温带均有分布。起源于亚洲和欧洲的温、寒带的野生燕麦，其栽培历史至少有 2100 年，是仅次于大麦、小麦的第三种麦类作物，也是牧区重要饲料作物之一。

生境：喜凉爽气候，耐瘠薄。

用途：作物，谷粒可食用；家畜优质的精饲料、粗饲料和青贮饲料。

植株

◎ 无芒雀麦

学名：*Bromus inermis* Leyss.

科：禾本科 Gramineae　　**属**：雀麦属 *Bromus*

特征：多年生草本，具横走根状茎；茎直立，疏丛生，高 50～120 cm；叶片扁平，叶鞘闭合；圆锥花序长 10～20 cm，较密集，花后开展；每节 3～5 枚小穗，小穗含 6～12 花；颖披针，具膜质边缘，外稃长圆状披针形，顶端无芒；颖果长圆形，褐色，长 7～9 mm。

分布：中国东北、华北、西北、西南；广布于欧亚大陆温带地区。

生境：林缘草甸、山坡、谷地、河边路旁。

用途：著名优良禾本科牧草，世界各地均有引种栽培。

◎ 披碱草

学名：*Elymus dahuricus* Turcz.

科：禾本科 Gramineae　　属：披碱草属 *Elymus*

特征：多年生草本；茎秆疏丛，直立，高 70～140 cm，基部膝曲；叶片扁平，稀可内卷，上面粗糙，下面光滑，有时呈粉绿色；穗状花序直立，较紧密；穗轴边缘具小纤毛；小穗绿色，成熟后变为草黄色；颖披针形或线状披针形，先端具短芒；外稃披针形，全部密生短小糙毛，第一外稃先端延伸成芒。花果期 7—8 月。

分布：东北、华北、西北、青海、西藏等；俄罗斯、朝鲜、日本、印度西北部、土耳其东部有分布。

生境：山坡草地或路边。

用途：中等品质饲草，家畜喜食。

花序

植株

◎ 垂穗披碱草

学名：*Elymus nutans* Griseb.

科：禾本科 Gramineae　　　　**属**：披碱草属 *Elymus*

特征：多年生草本，茎秆直立，基部稍呈膝曲状，高 50～70 cm；基部和根出的叶鞘具柔毛；叶片扁平，上面有时疏生柔毛，下面粗糙或平滑；穗状花序较紧密，通常曲折而先端下垂，穗轴边缘粗糙或具小纤毛，基部第 1、2 节均不具发育小穗；小穗绿色，成熟后带有紫色，多少偏生于穗轴一侧，近于无柄或具极短的柄；颖长圆形，先端渐尖或具长 1～4 mm 的短芒；外稃长披针形，全部被微小短毛，第一外稃顶端延伸成芒，芒粗糙，向外反曲或稍展开。花果期 7—8 月。

分布：中国华北、西北及青海、四川、西藏等；俄罗斯、土耳其、蒙古、印度有分布。

生境：草原或山坡道旁和林缘。

用途：中上等品质牧草，开花前马、牛、羊喜食。

◎ 羊草

学名：*Leymus chinensis*（Trin.）Tzvel.

科：禾本科 Gramineae　　　　属：赖草属 *Leymus*

特征：多年生草本，高 40～90 cm；具横走根茎，须根具沙套；茎散生，直立，具 4～5 节；叶片质硬，粗糙，扁平或内卷，灰绿色、绿色；穗状花序直立，通常穗轴每节生 2 枚小穗，小穗含 10～14 小花；颖锥状，质地较硬，边缘微具纤毛；外稃披针形，具狭窄膜质的边缘，顶端形成芒状小尖头。花果期 6—8 月。

分布：中国东北至西北等省区；俄罗斯、日本、朝鲜也有分布，温带草原建群种。

生境：生于干草原、盐化草甸及田间、路旁等。

用途：中国北方地区优良的禾本科牧草，牛羊的抓膘牧草。

植株

花序

◎ 梯牧草（猫尾草）

学名：*Phleum pratense* L.

科：禾本科 Gramineae　　属：梯牧草属 *Phleum*

特征：多年生草本，高 40～120 cm；须根稠密，有短根茎；秆直立，基部常球状膨大并宿存枯萎叶鞘，叶鞘松弛，叶舌膜质；叶片扁平，两面及边缘粗糙，长 10～30 cm，宽 3～8 mm；圆锥花序圆柱状，灰绿色，长 4～15 cm，宽 5～6 mm；小穗长圆形；颖膜质，脊上具硬纤毛；外稃薄膜质，具 7 脉；颖果长圆形，长约 1 mm。花果期 6～8 月。

分布：中国新疆及西部一些省区引种栽培；欧、亚两洲的温带地区广泛栽培。

生境：草原及林缘。

用途：中等饲用植物，牛、马、羊喜食；全草供药用。

花序

植株

◎ 碱茅

学名：*Puccinellia distans*（L.）Parl.

科：禾本科 Gramineae　　**属**：碱茅属 *Puccinellia*

特征：多年生草本高 20～60 cm；秆直立，丛生或基部膝曲；叶片线形，扁平或对折，微粗糙或下面平滑，叶鞘长于节间；圆锥花序开展，每节具 2～6 分枝；分枝细长，平展或下垂；小穗含 5～7 小花，颖质薄，顶端钝，具细齿裂，外稃基部有短柔毛；颖果纺锤形，长约 1.2 mm。花果期 5—7 月。

分布：中国东北、华北、西北；欧亚大陆及北美温带均有分布。

生境：轻度盐碱性湿润草地、田边、水溪、河谷及低湿草甸盐化沙地。

用途：家畜喜食的良等牧草；盐碱地改良的先锋植物。

植株

第四章　农田作物及蔬菜

一、蓼科

◎ 荞麦

学名：*Fagopyrum esculentum* Moench

科：蓼科 Polygonaceae　　　　**属**：荞麦属 *Fagopyrum*

特征：一年生草本。茎直立，高 30～90 cm，上部分枝，绿色或红色，具纵棱；叶三角形或卵状三角形，基部心形；托叶鞘膜质，短筒状，易破裂脱落。花序总状或伞房状，顶生或腋生，花被片 5 深裂，白色或淡红色；瘦果卵形，具 3 锐棱，暗褐色。花期 5—9 月，果期 6—10 月。

分布：中国各地有栽培，北方农牧交错带地区栽培较为广泛，有时逸为野生；亚洲、欧洲有栽培。

生境：野生种生于荒地、路边；喜欢冷凉气候。

用途：粮食作物；蜜源植物；药用；饲用。

农田

植株

花序

二、番杏科

◎ 冰叶日中花（冰菜）

学名：*Mesembryanthemum crystallinum* L.

科：番杏科 Aizoaceae　　**属**：日中花属 *Mesembryanthemum*

特征：一年生或二年生草本；茎匍匐，长 30～60 cm；叶互生，叶片扁平，带肉质，卵形或长匙形，基部几心形，紧抱茎，边缘波状，有发亮颗粒，下部叶有柄；花单个腋生，几无梗；花瓣多数，线形，比萼片长，带白色或浅玫瑰红色；蒴果 5 室，裂瓣脊有翅。

分布：原产南非纳米比亚沙漠等干旱地区，在澳大利亚西部，环地中海沿岸和加勒比海周边等国家均有分布，我国各地引种栽培。

生境：喜排水条件良好的土壤，耐旱、耐盐碱，喜阳光。

用途：含有多种氨基酸、黄酮类化合物等其他蔬菜中少有的营养物质，同时富含钠、钾、胡萝卜素等矿物质，是一种高营养价值的新型保健蔬菜；观赏植物。

农田

植株

三、藜科

◎ 藜麦

学名：*Chenopodium quinoa* Willd.

科：藜科 Chenopodiaceae　　属：藜属 *Chenopodium*

特征：一年生草本；根系庞大，分布较浅，须根多；植株大小受环境及遗传因素影响较大，从 0.3～3 m 不等，茎部质地较硬，分枝或不分枝；单叶互生，叶片呈鸭掌状，叶缘全缘或带锯齿；植株形状类似藜，成熟后穗部类似高粱穗，穗部呈红、紫、黄色；花两性，花絮呈伞状、穗状、圆锥状；种子较小，呈小圆片状。

分布：中国山西、陕西、甘肃、青海、新疆、河北有栽培；南美洲安第斯山脉的哥伦比亚、厄瓜多尔、秘鲁也有分布。原产于南美洲，栽培驯化已有 6000 年。

生境：耐旱、耐寒、耐盐碱。

用途：籽实为粮食；茎叶作饲用植物。

农田

植株

花序

四、十字花科

◎ 欧洲油菜（油菜、油麻菜籽，麻油菜籽）

学名：*Brassica napus* L.

科：十字花科 Cruciferae　　属：芸苔属 *Brassica*

特征：一年生草本，高 100～150 cm；茎直立，有分枝；下部叶大头羽裂，边缘具钝齿，中部及上部茎生叶由长圆椭圆形渐变成披针形，基部心形，抱茎；总状花序伞房状；花瓣浅黄色，倒卵形；长角果线形，种子球形，黄棕色。花期 3—4 月，果期 4—5 月。

分布：中国各地均有分布；世界各地广泛栽培。

用途：油料作物；观赏植物；饲用。

我国目前栽培的还有油白菜（*Brassica chinensis* L. var. *oleifera* Makino et Namot），作为蔬菜食用。

农田

植株

果实

◎ 花椰菜

学名：*Brassica oleracea* L. var. *botrytis* L.

科：十字花科 Cruciferae　　**属**：芸薹属 *Brassica*

特征：二年生草本，高 60～90 cm；被粉霜；茎直立，粗壮，有分枝；基生叶及下部叶长圆形至椭圆形，灰绿色，顶端圆形，开展，不卷心，全缘或具细牙齿；茎中上部叶较小且无柄，长圆形至披针形，抱茎；茎顶端有 1 个由总花梗、花梗和未发育的花芽密集成的乳白色肉质头状体；总状花序顶生及腋生；花淡黄色，后变成白色；长角果圆柱形，喙下部粗、上部细。花期 4 月，果期 5 月。

分布：原产于地中海沿岸，由野生甘蓝演化而来，19 世纪中叶传入中国南方。各地均有栽培。

生境：温暖湿润气候。

用途：作蔬菜；牛、禽类的优质青绿饲料。

植株　农田　花序

◎ 包菜（甘蓝变种）

学名：*Brassica oleracea* L. var. *capitata* L.

科：十字花科 Cruciferae　　**属**：芸薹属 *Brassica*

特征：二年生草本，被粉霜，矮且粗壮；一年生茎肉质，不分枝，绿色或灰绿色；基生叶多数，质厚，层层包裹成球状体，扁球形，乳白色或淡绿色；二年生茎有分枝，具茎生叶；基生叶及下部茎生叶基部骤窄成极短有宽翅的叶柄，边缘有波状不显明锯齿；上部茎生叶基部抱茎；总状花序顶生及腋生；花淡黄色；花瓣宽椭圆状倒卵形或近圆形，脉纹显明，顶端微缺，基部骤变窄成爪；长角果圆柱形，两侧稍压扁，喙圆锥形。花期 4 月，果期 5 月。

分布：中国各地均有栽培。原产于地中海沿岸，由野生甘蓝演化而来，栽培历史 800 多年，17 世纪传入中国。

生境：温和湿润气候。

用途：蔬菜食用；牛、禽类的优质青绿饲料；叶的浓汁可药用。

植株

农田

◎ 白菜

学名：*Brassica pekinensis*（Lour.）Rupr.

科：十字花科 Cruciferae　　**属**：芸薹属 *Brassica*

特征：二年生草本，高 40～60 cm；基生叶多数，大型叶，倒卵状长圆形至宽倒卵形，顶端圆钝，边缘皱缩，波状，中脉白色，很宽，有多数粗壮侧脉；叶柄白色，扁平，边缘有具缺刻的宽薄翅；上部茎生叶长圆状卵形、长圆披针形至长披针形，有粉霜；花鲜黄色；花瓣倒卵形，基部渐窄成爪；长角果较粗短。花期 5 月，果期 6 月。

分布：世界各地广泛栽培。白菜是中国原产蔬菜，距今有 6000～7000 年的栽培历史。

生境：喜冷凉气候，保肥、保水并富含有机质的壤土与砂壤土及黑黄土。

用途：蔬菜；外层脱落的叶可作饲料。

植株

农田

◎ 萝卜

学名：*Raphanus sativus* L.

科：十字花科 Cruciferae　　　　属：萝卜属 *Raphanus*

特征：二年或一年生草本，高 20～100 cm；直根肉质，长圆形、球形或圆锥形，外皮绿色、白色或红色；茎有分枝，无毛，稍具粉霜；基生叶和下部茎生叶大头羽状半裂，顶裂片卵形，侧裂片长圆形，有钝齿，疏生粗毛，上部叶长圆形，有锯齿或近全缘。总状花序顶生及腋生；花白色或粉红色；萼片长圆形；花瓣 4，倒卵形，具紫纹；长角果圆柱形。花期 4—5 月，果期 5—6 月。

分布：中国各地普遍栽培；原始种起源于欧、亚温暖海岸的野萝卜，是世界古老的栽培作物之一，至今已有 4500 多年的种植历史。

生境：耐寒，喜土层深厚的沙壤土。

用途：根作蔬菜食用；种子、鲜根、枯根、叶皆入药；种子榨油工业用及食用。

农田

植株

花

五、豆科

◎ 大豆

学名：*Glycine max*（L.）Merr.

科：豆科 Leguminosae　　属：大豆属 *Glycine*

特征：一年生草本，高 30～90 cm；茎粗壮，直立，或上部近缠绕状，密被褐色长硬毛；3 小叶，小叶纸质，宽卵形，近圆形或椭圆状披针形；总状花序腋生或顶生；蝶形花冠淡黄色、淡紫色、白色；荚果肥大，长圆形，稍弯，下垂，黄绿色，密被褐黄色长毛；种子 2～5 粒，为椭圆形、近球形、卵圆形至长圆形，种皮光滑，淡绿、黄、褐和黑色等多种。花期 6—7 月，果期 7—9 月。

分布：中国东北、西北、华北等地栽培；大豆起源于中国，现为世界上重要的栽培作物，已有 5000 年的栽培历史。

生境：喜温暖及肥沃的土壤。

用途：直接食用或制成豆制食品；茎、叶、豆粕及粗豆粉作肥料和优良的牲畜饲料；豆粕为生产人造肉、干酪素、味精及造纸、塑胶工业、人造纤维、火药等的原料；豆油除食用外，还为生产润滑油、油漆、肥皂、瓷釉、人造橡胶、防腐剂等的重要原料；药用。

植株

农田

◎ 荷包豆

学名：*Phaseolus coccineus* L.

科：豆科 Leguminosae　　**属**：菜豆属 *Phaseolus*

特征：多年生缠绕草本；在温带地区通常作一年生作物栽培；茎被毛或无毛；羽状复叶具 3 小叶；小叶卵形或卵状菱形；花多朵生于较叶为长的总花梗上，排成总状花序；苞片长圆状披针形，少宿存；花萼阔钟形，无毛或疏被长柔毛；花冠常鲜红色，偶为白色；荚果镰状长圆形；种子阔长圆形，顶端钝，深紫色而具红斑、黑色或红色，稀为白色。

分布：东北、华北至西南都有栽培；原产中美洲，栽培史 2000 多年，现温带地区广泛栽培。

生境：喜夏季凉爽气候。

用途：栽培供观赏；其嫩荚、种子亦供食用。

植株

花

果实

◎ 菜豆

学名：*Phaseolus vulgaris* L.

科：豆科 Leguminosae　　属：菜豆属 *Phaseolus*

特征：一年生、缠绕或近直立草本；茎被短柔毛或老时无毛；羽状复叶，具 3 小叶，小叶宽卵形或卵状菱形，侧生的偏斜；总状花序比叶短，有数朵生于花序顶部的花；花冠白色、黄色、紫堇色或红色；旗瓣近方形，翼瓣倒卵形，龙骨瓣先端旋卷；荚果带形，稍弯曲，略肿胀，顶有喙；种子长椭圆形或肾形，白色、褐色、蓝色或有花斑。花期 5—7 月。

分布：中国各地均有栽培；原产美洲，栽培已有几百年，15 世纪中叶传入中国后产生软荚变种，形成次生起源中心，现已在热带、亚热带及温带地区广泛栽培。

生境：喜温暖气候。

用途：嫩荚作蔬菜食用。

果实

植株

◎ 蚕豆

学名：*Vicia faba* L.

科：豆科 Leguminosae　　属：野豌豆属 *Vicia*

特征：一年生草本，高 30～100（～120）cm；主根短粗，多须根，根瘤粉红色；茎粗壮，直立，具四棱；偶数羽状复叶，叶轴顶端卷须短缩为短尖头；小叶通常 1～3 对，互生；总状花序腋生，具小花 2～6 朵，花冠白色，具紫色脉纹及黑色斑晕；荚果肥厚，表皮绿色被绒毛，内有白色海绵状横隔膜，成熟后表皮变为黑色；种子圆长方形，种皮革质，青绿色，灰绿色至棕褐色，稀紫色或黑色。花期 4—5 月，果期 5—6 月。

分布：全国各地均有栽培，以长江以南为主。起源于西南亚到地中海区域，约在公元前 100 年传入中国，栽培历史约 2000 年，是中国重要豆类作物之一。

生境：生于温暖湿地。

用途：家畜的优质青饲料和精料，马、牛、猪喜食；粮食作物。

花

果实

六、亚麻科

◎ 亚麻（胡麻）

学名：*Linum usitatissimum* L.

科：亚麻科 Linaceae　　属：亚麻属 *Linum*

特征：一年生草本，高 30～100 cm；茎直立，圆柱形，不分枝或中部以上多分枝；叶互生，线形、线状披针形或狭倒披针形；聚伞花序，多分枝；萼片 5，绿色，覆瓦状排列；花瓣 5，倒卵形，淡紫色或蓝紫色；蒴果球形或扁球形，室间开裂；花期 6—9 月，果期 8—10 月。

分布：亚麻原产地中海地区，欧、亚温带多有栽培，可分成纤维用亚麻、油用亚麻和油纤兼用亚麻三种类型。油用型亚麻又叫作胡麻，在中国至少有 1000 年栽培历史。中国东北、西北、华北和华东均有栽培，也有逸生种；俄罗斯、日本和朝鲜也有分布。

生境：喜凉爽、湿润的气候。

用途：种子榨油；茎皮可做纤维原料；亚麻饼饲用；药用。

植株

花

农田

七、葫芦科

◎ 南瓜

学名：*Cucurbita moschata*（Duch. ex Lam.）Duch. ex Poiret

科：葫芦科 Cucurbitaceae　　　　**属**：南瓜属 *Cucurbita*

特征：一年生蔓生草本；茎常节部生根，伸长达 2～5 m，密被白色短刚毛；叶柄粗壮，被短刚毛；叶片宽卵形或卵圆形，质稍柔软，有 5 角或 5 浅裂，上面密被黄白色刚毛和茸毛，常有白斑，叶脉隆起，卷须稍粗壮，与叶柄一样被短刚毛和茸毛；花萼筒钟形，裂片条形，被柔毛，上部扩大成叶状；花冠黄色，钟状，5 中裂，裂片边缘反卷，具褶皱；瓠果形状多样。花果期 6—9 月。

分布：中国南北各地广泛种植；原产于墨西哥到中美洲一带，世界各地普遍栽培。

生境：喜温，耐干旱。

用途：果实作蔬菜；茎叶作干草或青贮；全株供药用。

幼果

花

◎ 西葫芦

学名：*Cucurbita pepo* L.

科：葫芦科 Cucurbitaceae　　**属**：南瓜属 *Cucurbita*

特征：一年生蔓生草本；茎有棱沟，有短刚毛和半透明的糙毛；叶柄粗壮，被短刚毛；叶片质硬，挺立，三角形或卵状三角形，先端锐尖，边缘有不规则的锐齿，基部心形，弯缺半圆形，两面均有糙毛；卷须稍粗壮，具柔毛，分多歧；雌雄同株，花萼筒有明显 5 角，花萼裂片线状披针形，花冠黄色，向基部渐狭呈钟状。花果期 5—9 月。

分布：原产于北美洲南部，中国于 19 世纪中叶从欧洲引入栽培，现世界各国均有分布。

生境：喜温润的气候。

用途：果实作蔬菜；茎叶为家畜的青饲料。

花

植株

果实

八、伞形科

◎ 旱芹（西芹，芹菜）

学名：*Apium graveolens* L.

科：伞形科 Umbelliferae　　**属**：芹属 *Apium*

特征：二年生或多年生草本，高 15～150 cm；有强烈香气；茎直立，光滑，有少数分枝，并有棱角和直槽；叶片轮廓为长圆形至倒卵形，通常 3 裂达中部或 3 全裂，裂片近菱形；复伞形花序顶生或与叶对生，花序梗长短不一；伞幅细弱；花瓣白色或黄绿色，圆卵形；分生果圆形或长椭圆形。花期 4—7 月。

分布：中国南北各省区均有栽培；欧洲、亚洲、非洲及美洲也有栽培。原产地中海沿岸，栽培历史已有 2000 年，古时由高加索传入中国。

生境：喜凉爽湿润气候。

用途：供作蔬菜；果实可提取芳香油，制作调合香精。

植株

◎ 芫荽（香菜）

学名：*Coriandrum sativum* L.

科：伞形科 Umbelliferae　　**属**：芫荽属 *Coriandrum*

特征：一年生或二年生草本，高 20～100 cm；有强烈气味；茎圆柱形，直立，多分枝；叶片 1 或 2 回羽状全裂，羽片广卵形或扇形半裂，边缘有钝锯齿、缺刻或深裂；上部的茎叶 3 回至多回羽状分裂，末回分裂狭线形，全缘；伞形花序顶生或与叶对生，花白色或带淡紫色。花果期 4—11 月。

分布：中国东北、河北、山东、安徽、江苏、浙江、江西、湖南、广东、广西、陕西、四川、贵州、云南、西藏等均有栽培。起源于地中海及中亚地区。

生境：耐 −1～2℃的低温，适宜生长温度为 17～20℃，对土壤要求不严。

用途：茎叶作蔬菜和调香料；果实可提芳香油；果入药；优等饲用植物，马、牛、羊、猪均喜食。

植株

◎ 胡萝卜

学名：*Daucus carota* L. var. *sativa* Hoffm.

科：伞形科 Umbelliferae　　**属**：胡萝卜属 *Daucus*

特征：二年生草本，高 15～120 cm；根肉质，长圆锥形，粗肥，呈红色或黄色；茎单生，全体有白色粗硬毛；基生叶薄膜质，2～3 回羽状全裂；茎生叶近无柄，有叶鞘，末回裂片小或细长；复伞形花序，花序梗有糙硬毛；伞幅多数，结果时外缘的伞幅向内弯曲；花常白色，有时带淡红色；果实圆卵形，棱上有白色刺毛。花期 5—7 月。

分布：原产于中亚，已有 4000 年的栽培历史，世界各国均有种植，中国各地广泛栽培。

生境：喜欢土层深厚、排水良好的壤土或沙壤土。

用途：根茎主要作蔬菜用；也可饲用。

九、茄科

◎ 辣椒

学名：*Capsicum annuum* L.

科：茄科 Solanaceae　　**属**：辣椒属 *Capsicum*

特征：一年或有限多年生草本，高 40～80 cm；茎近无毛或微生柔毛；叶互生，枝顶端节不伸长而成双生或簇生状，叶片矩圆状卵形、卵形或卵状披针形，全缘，顶端短渐尖或急尖，基部狭楔形；花单生，俯垂；果实长指状，顶端渐尖且常弯曲，未成熟时绿色，成熟后成红色、橙色或紫红色，味辣；种子扁肾形，淡黄色。花果期 5—11 月。

分布：世界各国普遍栽培。原产于南美洲热带，在中国栽培历史已有 1000 多年。

生境：适应性强，分布广泛。

用途：重要的蔬菜和调味品；种子油可食用；果有驱虫和发汗之药效。

◎ 番茄（西红柿）

学名：*Lycopersicon esculentum* Mill.

科：茄科 Solanaceae　　**属**：番茄属 *Lycopersicon*

特征：一年生或多年生草本，高 0.6～2 m；全体生黏质腺毛，有强烈气味；茎易倒伏；叶羽状复叶或羽状深裂，小叶极不规则，大小不等，卵形或矩圆形，边缘有不规则锯齿或裂片；花冠辐状，黄色；浆果扁球状或近球状，肉质而多汁液，橘黄色或鲜红色，光滑；种子黄色。花果期夏秋季。

分布：原产于南美洲，世界上已有 400 多年的栽培历史。中国南北各地广泛栽培。

生境：喜温。

用途：果实为盛夏的蔬菜和水果。

花

植株

◎ 茄

学名：*Solanum melongena* L.

科：茄科 Solanaceae　　　　**属**：茄属 *Solanum*

特征：直立草本至亚灌木，高可达 1 m；小枝，叶柄及花梗均被 6～8（～10）分枝、平贴或具短柄的星状绒毛，小枝多为紫色；叶大，卵形至长圆状卵形，边缘浅波状或深波状圆裂，叶片密被星状绒毛；能孕花单生，毛被较密，花后常下垂；不孕花蝎尾状，与能孕花并出；萼近钟形，被星状绒毛，花冠辐状，有白色、紫色，外面星状毛被较密，花冠筒裂片三角形；果的形状大小变异极大，长或圆，颜色有白、红、紫等。花果期 6—8 月。

分布：中国各地均有栽培；原产于亚洲热带地区，古印度为最早的驯化地，现全世界均有栽培，至今已有近千年的栽培历史，是主要蔬菜之一。

生境：喜温暖环境。

用途：果实可供蔬食；根、茎、叶入药。

花

植株

◎ 阳芋（土豆、马铃薯）

学名：*Solanum tuberosum* L.

科：茄科 Solanaceae　　**属**：茄属 *Solanum*

特征：一年生栽培作物，高 30～80 cm；地下茎块状，扁圆形或长圆形，外皮白色，淡红色或紫色。叶为奇数羽状复叶，卵形至长圆形；伞房花序顶生，花白色或蓝紫色；花药长于花丝；浆果圆球状。花期 6—7 月。

分布：中国北方地区栽培较多；原产于南美洲，公元 4 世纪已有栽培，17 世纪中叶引入中国，现广泛种植于全球温带地区。

用途：块茎富含淀粉，可供食用，为山区主粮之一，也是淀粉工业的主要原料；刚抽出的芽条及果实中有丰富的龙葵碱，可以提取龙葵碱。

花

农田

十、菊科

◎ 茼蒿

学名：*Chrysanthemum coronarium* L.

科：菊科 Compositae　　**属**：茼蒿属 *Chrysanthemum*

特征：一年生草本，茎高达 70 cm，不分枝或自中上部分枝；中下部茎叶长椭圆形或长椭圆状倒卵形，二回羽状深裂至全裂；头状花序顶生，舌状花和管状花黄色。花果期 6—8 月。

分布：中国各地区广泛栽培；欧洲及北美的温带地区有栽培。原产地中海，在中国已有 900 余年的栽培历史。

生境：喜湿润的沙土地。

用途：蔬菜食用；观赏植物。

◎ 向日葵

学名：*Helianthus annuus* L.

科：菊科 Compositae　　**属**：向日葵属 *Helianthus*

特征：一年生高大草本。茎直立，高 1～3 m，粗壮；叶互生，心状卵圆形或卵圆形，顶端急尖或渐尖，边缘有粗锯齿，两面被短糙毛，有长柄；头状花序极大，直径 10～30 cm，单生于茎端或枝端，常下倾；舌状花多数，黄色、舌片开展，长圆状卵形或长圆形；管状花极多数，棕色或紫色；瘦果倒卵形或卵状长圆形，稍扁压。花期 7—9 月，果期 8—9 月。

分布：原产北美，现世界各国均有栽培。起源于北美洲，栽培史约 5000 年，16 世纪末或 17 世纪初传入中国，东北、华北、西北地区是向日葵的主产区。

生境：向日葵适应性广泛，通过人工培育，在不同生境上形成了许多栽培品种。

用途：种子供食用，是世界上四大油料作物之一；花穗、种子皮壳及茎秆可作饲料及工业原料。

花序

植株

◎ 莴笋（莴苣变种）

学名：*Lactuca sativa* L. var. *angustata* Irish ex Bremer

科：菊科 Compositae　　**属**：莴苣属 *Lactuca*

特征：一年生或二年草本，高 25～100 cm；根垂直伸长；茎直立，粗或极粗，单生，上部圆锥状花序分枝，全部茎枝白色；基生叶及下部茎叶大，不分裂，倒披针形、椭圆形或椭圆状倒披针形，顶端急尖、短渐尖或圆形，无柄，基部心形或箭头状半抱茎，边缘波状或有细锯齿，向上渐小；头状花序多数或极多数，在茎枝顶端排成圆锥花序；总苞果期卵球形；总苞片 5 层，全部总苞片顶端急尖，外面无毛；舌状小花约 15 枚；瘦果倒披针形，压扁，浅褐色，顶端急尖成细喙；冠毛纤细，微糙毛状。花果期 2—9 月。

分布：全国各地栽培，亦有野生。起源于地中海沿岸，5 世纪传入中国，由莴苣演化而来，世界各地普遍栽培。

生境：莴笋适合在微酸性的沙壤土或壤土生长。

用途：茎供食用与制备酱菜，叶作蔬菜用。

农田

植株

◎ 生菜（莴苣变种）

学名：*Lactuca sativa* L. var. *ramosa* Hort.

科：菊科 Compositae　　**属**：莴苣属 *Lactuca*

特征：一年生或二年草本，高 25～100 cm；根垂直直伸；茎直立，单生，上部圆锥状花序分枝，全部茎枝白色；叶长倒卵形，边缘波状，密集成甘蓝状叶球；头状花序多数或极多数，在茎枝顶端排成圆锥花序；总苞果期卵球形；总苞片 5 层，全部总苞片顶端急尖，外面无毛；舌状小花约 15 枚；瘦果倒披针形，压扁，浅褐色，顶端急尖成细喙；冠毛纤细，微糙毛状。花果期 2—9 月。

分布：全国各地栽培，亦有野生种。起源于地中海沿岸，5 世纪传入中国，由莴苣演化而来，世界各地普遍栽培。

生境：喜冷凉环境、肥沃湿润的土壤。

用途：食用蔬菜。

农田

植株

◎ 栽培菊苣

学名：*Cichorium endivia* L.

科：菊科 Compositae

属：菊苣属 *Cichorium*

特征：一年生或二年生草本；茎直立，高达 100 cm，有铺散分枝，全部茎枝无毛，极少下部有刚毛；基生叶及下部茎叶有短翼柄，羽状全裂至不裂，边缘通常有锯齿，中上部茎叶长椭圆形至宽卵形，基部无柄；头状花序通常多数，1 个或数个单生或集生茎端或腋生于茎中上部的叶的叶腋中；舌状小花蓝色，极少淡白色；瘦果，冠毛膜片状。花果期不详。

分布：原产于地中海、亚洲中部和北非，现在欧洲南部种植广泛；早年在我国南京有引种栽培，现各地栽培。

生境：喜潮湿、肥沃而疏松的土壤。

用途：茎叶供食用或药用。

植株

十一、百合科

◎ 葱

学名：*Allium fistulosum* L.

科：百合科 Liliaceae　　**属**：葱属 *Allium*

特征：多年生草本；鳞茎单生，圆柱状；鳞茎外皮白色，稀淡红褐色，膜质至薄革质，不破裂；叶圆筒状，中空；花葶圆柱状，中空，中部以下膨大，向顶端渐狭；总苞膜质，2 裂；伞形花序球状，多花，较疏散；花白色。花果期 4—7 月。

分布：中国各地广泛栽培，世界各地有栽培。原产中国，是中国栽培历史较久的蔬菜和重要的调味品之一，栽培历史约 2000 年。

生境：喜冷凉不耐炎热。

用途：作蔬菜食用；鳞茎和种子亦入药。

植株

十二、禾本科

◎ 莜麦（裸燕麦）

学名：*Avena chinensis*（Fisch.ex Roem.et Schult.）Metzg.

科：禾本科 Gramineae　　　　**属**：燕麦属 *Avena*

特征：一年生草本，高 60～100 cm；茎直立，丛生，叶鞘松弛，被微毛，叶舌透明膜质；叶片扁平，质软；圆锥花序疏松开展；小穗长含 3～6 小花，无毛，小穗柄弯曲下垂；颖草质；外稃无毛，质地较柔软，无芒或具短芒，芒长 1～2 cm；颖果长约 8 mm，与稃体分离。花果期 6—9 月。

分布：中国的西北、西南、华北和湖北等地均有栽培，是北方农牧交错带的重要栽培作物之一。据考证莜麦起源于中国的内蒙古高原，栽培历史大约有 2000 年左右，后传入瑞典等北欧国家。

生境：适应冷凉干燥的气候。

用途：果实为粮食食用；秸秆为优质粗饲料。

群体

花序

◎ 稷（糜子）

学名：*Panicum miliaceum* L.

科：禾本科 Gramineae　　属：黍属 *Panicum*

特征：一年生草本，须根系发达；秆直立，高 40～120 cm，单生或少数丛生，节密被髭毛；叶鞘松弛，被疣基毛；叶舌膜质，顶端具长约 2 mm 的睫毛；叶片线形或线状披针形。圆锥花序开展或较紧密，成熟时下垂。花果期 7—10 月。

分布：中国西北、华北、西南、东北、华南以及华东等地山区都有栽培，新疆偶见有野生状的。亚洲、欧洲、美洲、非洲等温暖地区都有栽培。

生境：喜温，耐盐碱；可在盐碱化草地栽培。

用途：茎秆饲用；籽实食用。

植株

◎ 普通小麦

学名：*Triticum aestivum* L.

科：禾本科 Gramineae　　**属**：小麦属 *Triticum*

特征：一年生或二年生草本，秆直立，丛生，高 60～100 cm；叶鞘松弛包茎；叶舌膜质；叶片长披针形；穗状花序直立；小穗含 3～9 小花，上部者不发育；颖卵圆形，主脉于背面上部具脊；外稃长圆状披针形，顶端具芒或无芒；内稃与外稃几等长。

分布：中国南北各地广泛栽培，以北方为主。起源于西亚，现广泛栽培于世界各地，栽培历史悠久，是世界重要粮食作物之一。

生境：喜欢土层深厚，结构良好的肥沃土壤；冬型品种适宜的日平均温度为 16～18℃，半冬型为 14～16℃，春性为 12～14℃。小麦为长日照作物，需要每天 8～12h 光照。

用途：粮食作物，籽实可食用；秸秆可造纸等。

农田

花序

◎ 玉蜀黍（玉米）

学名：*Zea mays* L.

科：禾本科 Gramineae　　**属**：玉蜀黍属 *Zea*

特征：一年生高大草本，高 1～4 m；茎直立，基部各节具气生支柱根；叶鞘具横脉，叶舌膜质；叶片扁平宽大，线状披针形，基部圆形呈耳状；顶生雄性圆锥花序大型，雌花序被多数宽大的鞘状苞片所包藏；颖果球形或扁球形。花果期在秋季。

分布：中国各地均有栽培；全世界热带和温带地区广泛种植，从北纬 58°到南纬 35°（40°）的地区均有大量栽培。原产南美洲，于 16 世纪中叶传入中国，在我国的栽培历史有 400 多年，现已发展成为中国重要的粮食和饲料作物。

生境：喜温作物。

用途：种子作为粮食食用；茎叶为家畜的青饲料；种子还是家畜的精料。

农田

第五章　杂　　草

一、蓼科

◎ 蔓首乌（卷茎蓼）

学名：*Fallopia convolvulus*（L.）Love
科：蓼科 Polygonaceae
属：何首乌属 *Fallopia*

特征：一年生草本，茎缠绕，纤细，长 1～1.5 m，具纵棱，自基部分枝，具小突起；叶卵形或心形，顶端渐尖，基部心形，两面无毛；托叶鞘膜质，斜截形；花序穗状，腋生；花被 5 深裂，淡绿色，边缘白色，瘦果椭圆形，具 3 棱。花期 5—8 月，果期 6—9 月。

分布：中国东北、华北、西北及西南等地；中亚、俄罗斯西伯利亚地区、印度、欧洲、非洲北部及北美洲均有分布。

生境：山坡草地、山谷灌丛、沟边湿地。

用途：畜禽喜食的优良饲草。

植株

◎ 萹蓄

学名：*Polygonum viculare* L.

科：蓼科 Polygonaceae　　属：蓼属 *Polygonum*

特征：一年生草本，高 10～40 cm；茎平卧、上升或直立；叶椭圆形，狭椭圆形或披针形，顶端钝圆或急尖，全缘，两面无毛；叶柄短或近无柄，基部具关节；托叶鞘膜质。花单生或数朵簇生于叶腋，遍布于植株；苞片薄膜质；花白色或淡红色；瘦果三棱卵形。花期 5—7 月，果期 6—8 月。

分布：遍布中国各地；北温带广泛分布。

生境：田野、荒地、湿地、路边、宅旁等。

用途：各类家畜全年均可食用；全草可以入药。

植株 2

植株 1

◎ 巴天酸模

学名：*Rumex patientia* L.

科：蓼科 Polygonaceae　　**属**：酸模属 *Rumex*

特征：多年生草本，高 90～150 cm；根肥厚，茎直立，粗壮，上部分枝，具纵沟纹；基生叶长圆形或长圆状披针形，长 15～30 cm，宽 5～10 cm，顶端急尖，基部圆形或近心形，边缘波状；茎上部叶披针形，较小；托叶鞘筒状，膜质，长 2～4 cm，易破裂；圆锥状花序，大型，有分枝；花两性，花被片绿色带粉色；瘦果卵状三棱形，褐色。花期 5—6 月，果期 6—7 月。

分布：中国东北、华北、西北、山东、河南、湖南、湖北、四川及西藏；亚洲北部、欧洲也有分布。

生境：沟边湿地、水边、路旁、田间等。

用途：茎、叶、果实均可饲用；全株可入药。

植株

二、藜科

◎ 藜（灰菜）

学名：*Chenopodium album* L.

科：藜科 Chenopodiaceae　　属：藜属 *Chenopodium*

特征：一年生草本，高 30～150 cm；茎直立，粗壮，分枝斜升或开展；叶片菱状卵形至宽披针形，先端急尖或微钝，叶边缘具不整齐锯齿；花两性，圆锥状花序黄绿色；花被裂片 5，背面具纵隆脊，有粉。花果期 5—10 月。

分布：分布遍及全球温带及热带地区，农田杂草。

生境：路旁、荒地及田间。

用途：幼苗可食用；茎叶家畜喜食，中等饲用植物；全草及果实入药。

植株

◎ 灰绿藜

学名：*Chenopodium glaucum* L.

科：藜科 Chenopodiaceae

属：藜属 *Chenopodium*

植株

特征：一年生草本，高 20~40 cm；茎平卧或斜升，具条棱及绿色或紫红色色条；叶片矩圆状卵形至披针形，肥厚，先端急尖或钝，基部渐狭，边缘具缺刻状牙齿，上面无粉，平滑，下面有粉而呈灰白色，有稍带紫红色；中脉明显，黄绿色；花簇短穗状，腋生或顶生；胞果顶端露出于花被外，果皮膜质，黄白色。花果期 5—10 月。

分布：中国除台湾和华南外，其他各地都有分布；南北半球的温带广布。

生境：农田、菜园、村房、水边等有轻度盐碱的土壤上，为常见的农田杂草。

用途：饲用价值中等，常用作猪饲料。

◎ 地肤

学名：*Kochia scoparia*（L.）Schrad.

科：藜科 Chenopodiaceae　　属：地肤属 *Kochia*

特征：一年生草本，高 50～100 cm；茎直立，圆柱状，淡绿色或带紫红色，有多数条棱；分枝稀疏，斜升向上；叶披针形或条状披针形，无毛或稍有毛；花两性或雌性，通常 1～3 个生于上部叶腋，构成疏穗状圆锥状花序；花被片 5，淡绿色，果时背部具有膜纸短翅；胞果扁球形，果皮膜质。花期 6—9 月，果期 7—10 月。

分布：中国各地均有分布；欧洲及亚洲其他地区也有分布。

生境：路旁、农田、村边，常见杂草。

用途：中等饲用植物；种子可药用或提炼食用或工业用油。

在盐碱化草地上，常见的变种为碱地肤 *Kochia scoparia*（Linn.）Schrad. var. *sieversiana*（Pall.）Ulbr.ex Aschers. et Graebn，本变种与原种的区别在于，花下有较密的束生锈色柔毛。

植株

三、苋科

◎ 反枝苋

学名：*Amaranthus retroflexus* L.

科：苋科 Amaranthaceae　　**属**：苋属 *Amaranthus*

特征：一年生草本，高 20～80 cm，有时达 1 m 多；茎直立，粗壮，单一或分枝，淡绿色，有时具带紫色条纹，稍具钝棱，密生短柔毛；叶片菱状卵形或椭圆状卵形，基部楔形；圆锥花序顶生及腋生，直立；花被片 5，薄膜质，白色；胞果扁卵形，环状横裂，淡绿色，包裹在宿存花被片内；种子近球形，棕色或黑色。花期 7—8 月，果期 8—9 月。

分布：中国东北、华北及西北地区；美洲、欧洲、非洲、亚洲均有分布。原产热带美洲，为入侵植物。农田常见杂草。

生境：农田、路旁、荒地、宅院附近。

用途：栽培可作为青饲、干草调制，优质饲料；种子可作精饲料；全草药用。

花序

植株

四、十字花科

◎ 荠

学名：*Capsella bursa-pastoris*（L.）Medic.

科：十字花科 Cruciferae　　**属**：荠属 *Capsella*

特征：一年或二年生草本，高 10～50 cm；茎直立，基生叶丛生呈莲座状，大头羽状分裂；茎生叶窄披针形或披针形，基部箭形，抱茎，边缘有缺刻或锯齿；总状花序顶生及腋生，花瓣白色，卵形，有短爪；短角果倒三角形或倒心状三角形，扁平，顶端微凹。花果期 4—6 月。

分布：几乎遍布中国各地；全世界温带地区均有分布。

生境：山坡、田边及路旁；野生，偶有栽培。

用途：中等饲用植物；茎叶作蔬菜食用；全草入药；种子供制油漆及肥皂用；蜜源植物。

花序

◎ 独行菜

学名：*Lepidium apetalum* Willd.

科：十字花科 Cruciferae　　属：独行菜属 *Lepidium*

特征：一年或二年生草本，高 5～30 cm；茎直立，有分枝；基生叶窄匙形，一回羽状浅裂或深裂；茎上部叶线形，有疏齿或全缘；总状花序，萼片早落，卵形，花瓣不存在或退化成丝状，比萼片短；短角果近圆形或宽椭圆形，扁平，长 2～3 mm，宽约 2 mm，果梗弧形。花果期 5—7 月。

分布：中国东北、华北、江苏、浙江、安徽、西北、西南都有分布；欧亚大陆有分布。

生境：山坡、山沟、路旁及村庄附近。为常见的田间杂草。

用途：家畜喜食。

植株

五、伞形科

◎ 迷果芹

学名：*Sphallerocarpus gracilis*（Bess.）K. Pol.

科：伞形科 Umbelliferae **属**：迷果芹属 *Sphallerocarpus*

特征：一年生或二年生草本，高 50～120 cm；茎圆形，多分枝，有细条纹，下部密被或疏生白毛；茎生叶 2～3 回羽状全裂，末回裂片边缘羽状缺刻或齿裂；叶柄阔叶鞘，边缘膜质；复伞形花序顶生和侧生，伞幅 5～9，小伞有花 15～25 枚；花小，花瓣 5，倒卵形，白色。花果期 7—10 月。

分布：中国东北至西北等地；蒙古、朝鲜、俄罗斯。

生境：林缘草地、山坡路旁、村庄附近、撂荒地上；

用途：饲用。

植株

六、旋花科

◎ 田旋花

学名：*Convolvulus arvensis* L.

科：旋花科 Convolvulaceae **属**：旋花属 *Convolvulus*

特征：多年生草本，根状茎横走；茎平卧或缠绕，有白色乳汁；叶卵状长圆形至披针形，基部大多戟形，或箭形及心形，全缘或 3 裂；花序腋生，花冠宽漏斗形，白色或粉红色；蒴果卵状球形。花期 6—8 月，果期 7—9 月。

分布：中国各地广泛分布，为世界广布种。

生境：田边，路旁，山坡。

用途：全草入药。

植株 1

植株 2

叶

花

七、唇形科

◎ 香薷

学名：*Elsholtzia ciliate*（Thunb.）Hyland.

科：唇形科 Labiatae　　**属**：香薷属 *Elsholtzia*

特征：一年生或二年生直立草本，高 30～50 cm，具密集的须根；茎钝四棱形，具槽；叶卵形或椭圆状披针形，先端渐尖，边缘具锯齿，叶片疏被小硬毛；穗状花序由多花的轮伞花序组成；花萼钟形，外面被疏柔毛，疏生腺点；花冠淡紫色，冠檐二唇形，上唇直立，下唇开展，3 裂；小坚果长圆形，棕黄色，光滑。花期 7—10 月。

分布：中国除新疆和青海外各地均有分布；俄罗斯、蒙古、朝鲜、日本、印度、欧洲及北美也有分布。

生境：路旁、山坡、荒地、林内、河岸。

用途：全草入药；嫩叶可作猪的青饲料。

植株

花序

◎ 串铃草

学名：*Phlomis mongolica* Turcz.

科：唇形科 Labiatae　　**属**：糙苏属 *Phlomis*

特征：多年生草本，高 40～70 cm；茎四棱，单一或具少数分枝，被疏柔毛或刚毛；基生叶卵状三角形至三角状披针形，先端钝，基部心形，边缘为圆齿状，茎生叶同形，通常较小，叶片下面密被毛；轮伞花序腋生，花多密集，二唇形花冠紫色，稀白色，上唇盔状，外被星状柔毛，边缘具流苏状小齿，下唇三圆裂；小坚果顶端被毛。花果期 5—9 月。

分布：中国华北、甘肃；蒙古有分布。

生境：山坡草地、沟谷、林缘、撂荒地。

用途：有毒植物，可入药；观赏植物。

植株 1

植株 2

八、车前科

◎ 平车前

学名：*Plantago depressa* Willd.

科：车前科 Plantaginaceae　　属：车前属 *Plantago*

特征：二年生或多年生草本；须根多数；叶基生呈莲座状，平卧、斜展或直立；叶片宽卵形至宽椭圆形，边缘波状，具疏齿或近全缘；花序梗直立或弓曲上升，长 2～20 cm；穗状花序细圆柱状；花冠裂片 4，白色，干膜质，于花后反折。花期 6—8 月，果期 7—9 月。

分布：遍布于中国各地；蒙古、俄罗斯、朝鲜、日本、巴基斯坦、印度、中亚也有分布。

生境：草地、草甸、河滩、沟边、沼泽地、山坡路旁、田边或荒地。

用途：中等饲用植物；嫩叶可食用；种子可提炼工业用油；种子也可入药。

植株 1

植株 2

九、菊科

◎ 艾

学名：*Artemisia argyi* Levl. et Van.

科：菊科 Compositae　　属：蒿属 *Artemisia*

特征：多年生草本或略成半灌木状，植株有浓烈香气；茎单生或少数分枝，高80～250 cm，有明显纵棱，褐色或灰黄褐色，基部稍木质化，上部草质，茎、枝均被灰色蛛丝状柔毛；叶厚纸质，上面被灰白色短柔毛，背面密被灰白色蛛丝状密绒毛；叶一（至二）回羽状深裂至半裂，每裂片有2～3枚小裂齿；头状花序椭圆形，直径2.5～3（～3.5）mm，无梗或近无梗，每数枚至10余枚在分枝上排成小型的穗状花序或复穗状花序；瘦果长卵形或长圆形。花果期7—10月。

分布：中国南北各地分布极广；蒙古、朝鲜、俄罗斯也有分布，日本有栽培。

生境：草原、森林草原、荒地、路旁、河边及山坡等地，为草原地带植物群落的优势种。

用途：初春幼嫩时及秋末冬季家畜采食；茎叶药用。

植株

◎ 大籽蒿

学名：*Artemisia sieversiana* Ehrhart ex Willd.

科：菊科 Compositae　　属：蒿属 *Artemisia*

特征：一、二年生草本，高 50～150 cm；茎单生，直立，分枝多，被灰白色微柔毛。下部与中部叶两面被微柔毛，二至三回羽状全裂，稀为深裂，上部叶及苞片叶羽状全裂或不分裂；头状花序大，多数，半球形或近球形，直径 3～6 mm，有短梗，下垂；总苞片 3～4 层，背面被灰白色微柔毛或近无毛；瘦果长圆形。花果期 6—10 月。

分布：中国东北、华北、西北及西南等地区有分布，山东、江苏等省有栽培；朝鲜、日本、蒙古、阿富汗、巴基斯坦、俄罗斯等地区有分布。

生境：路旁、荒地、草原、森林草原、干山坡或林缘等，局部地区成片生长，为植物群落的建群种或优势种。

用途：含挥发油，可入药；秋季霜降后，家畜采食或制作干草。

植株

花序

◎ 刺儿菜

学名：*Cirsium setosum*（Willd.）MB.

科：菊科 Compositae　　**属**：蓟属 *Cirsium*

特征：多年生草本，高 30～80（100～120）cm；茎直立，上部有分枝；基生叶和中部茎叶椭圆形、长椭圆形或椭圆状倒披针形，上部茎叶渐小，叶缘有细密的针刺；头状花序单生茎端，多数，排列成伞房花序；总苞约 6 层，覆瓦状排列，边缘有睫毛，顶端有小刺；管状花紫红色或白色；瘦果淡黄色，冠毛污白色，长羽毛状。花果期 5—9 月。

分布：中国除西藏、云南、广东、广西外，几乎遍布全国各地；欧洲、俄罗斯、蒙古、朝鲜、日本也有分布。

生境：平原、山地、田间、荒地等。

用途：茎叶幼嫩时，家畜喜食，中等饲用植物；全株可入药。

植株

花序

◎ 苣荬菜

学名：*Sonchus arvensis* L.
科：菊科 Compositae
属：苦苣菜属 *Sonchus*

特征：多年生草本，高 30～150 cm，茎叶含白色乳汁；茎直立，有细条纹；基生叶多数，羽状或倒向羽状深裂、半裂或浅裂；中部叶圆耳状扩大半抱茎，上部叶渐小；头状花序在茎枝顶端排成伞房状花序；总苞钟状，总苞片 3 层，短绒毛；舌状小花多数，黄色；瘦果长椭圆形，冠毛白色。花果期 1—9 月。

分布：中国东北、华北、西北及西南部分省区；几乎遍布全球。

生境：草地、草甸、林间、村边、路旁。

用途：畜禽特别喜食，优质饲用牧草；食用；药用。

植株

◎ 苍耳

学名：*Xanthium sibiricum* Patrin ex Widder

科：菊科 Compositae　　　　**属**：苍耳属 *Xanthium*

特征：一年生草本，高 20～90 cm；茎直立，不分枝或少有分枝，被灰白色糙伏毛；叶三角状卵形或心形，近全缘，或有 3～5 不明显浅裂；雄性的头状花序球形；瘦果外面有疏生的具钩状的刺。花期 7—8 月，果期 9—10 月。

分布：中国东北到西北及西南各省区；俄罗斯、伊朗、印度、朝鲜和日本也有分布。

生境：平原、丘陵、低山、荒野路边、田边。为一种常见的田间杂草。

用途：果实可以药用，榨油为化工原料。

果实
植株

十、禾本科

◎ 野燕麦

学名：*Avena fatua* L.

科：禾本科 Gramineae　　属：燕麦属 *Avena*

特征：一年生草本，高 60～120 cm；茎直立，具 2～4 节，幼苗蓝绿色；叶舌透明膜质；叶片扁平；圆锥花序开展；小穗长含 2～3 小花，小穗柄弯曲下垂，顶端膨胀；颖草质；外稃革质，中部以下具淡棕色或白色硬毛，芒自背部伸出，长 2～4 cm，膝曲，芒柱棕色，扭转；颖果黄褐色，成熟后与稃片不易分离。花果期 4—9 月。

分布：广布于中国南北各省；欧、亚、非洲的温寒带地区也有分布，是较为常见的田间杂草。

生境：山坡、林缘、田边、荒地。

用途：秸秆为优质粗饲料。

植株

◎ 少花蒺藜草

学名：*Cenchrus pauciflorus* Benth.

科：禾本科 Gramineae　　属：蒺藜草属 *Cenchrus*

特征：一年生草本植物，高 15～100 cm；茎圆柱形且中空，基部屈膝或横卧地面，节上生不定根，分蘖能力极强；叶狭长，叶片干后常常对折，正反两面均无毛；叶鞘有脊；叶舌短，具纤毛；穗状花序顶生，长 3～10 cm，穗轴粗糙，小穗簇生，其外围是由不孕小穗愈合而成的刺苞，每个刺苞含种子；刺苞呈球形，淡黄色到深黄色或紫色；小穗卵形；颖果，球形，黄褐色或黑褐色，顶端具残存的花柱。花果期 5—7 月。

分布：中国辽宁、吉林、内蒙古、福建、台湾、广东、香港、广西、云南南部、河北等地都有分布；原产于北美洲及热带沿海地区。

生境：适应性非常广泛，繁殖力极强；是一种有害的入侵植物。

用途：开花期前刈割，可做牧草饲用；花后结实，危害牲畜。

植株

◎ 稗

学名：*Echinochloa crusgalli*（L.）Beauv.

科：禾本科 Gramineae　　**属**：稗属 *Echinochloa*

特征：一年生草本，高 50～150 cm；茎秆基部倾斜或膝曲；叶鞘疏松裹秆，平滑无毛；叶舌缺；叶片扁平，线形，无毛，边缘粗糙；圆锥花序直立，近尖塔形；主轴具棱，粗糙或具疣基长刺毛；穗轴粗糙或生疣基长刺毛；小穗卵形，脉上密被疣基刺毛，具短柄或近无柄，密集在穗轴的一侧。花果期 6—8 月。

分布：中国南北各地均有，北方较多；全球热带与温带有分布。

生境：沼泽地、沟边及水稻田。

用途：优良牧草，家畜喜食。

花序

植株

◎ 狗尾草

学名：*Setaria viridis*（L.）Beauv.

科：禾本科 Gramineae　　属：狗尾草属 *Setaria*

特征：一年生草本，高 10～100 cm；茎秆直立或基部膝曲；叶片扁平，叶舌极短，具纤毛；圆锥花序紧密，圆柱状，直立或稍弯垂，刚毛通常绿色或褐黄到紫红或紫色；颖果灰白色。花果期 5—10 月。

分布：中国各地；广布于全世界的温带和亚热带地区。

生境：草地、荒野、道旁、田间，为旱地作物常见的一种田间杂草。

用途：茎、叶可作饲料；全株可药用；种子可食用。

花序

植株

参考文献

[1] 陈默君，贾慎修. 中国饲用植物志［M］. 北京：中国农业出版社，2020.

[2] 中国科学院中国植物志编辑委员会. 中国植物志［M］. 北京：科学出版社，2004.

[3] 谷安琳，王宗礼. 中国北方草地彩色图谱［M］. 北京：中国农业科技出版社，2009.

[4] 徐春波，王勇，德英. 中国草地常见豆科饲用植物［M］. 北京：中国农业科技出版社，2019.

[5] 赵来喜，徐春波，德英. 内蒙古大青山主要野生饲用植物资源［M］. 北京：中国农业科技出版社，2018.

[6] 崔国文. 东北草地常见植物图谱［M］. 北京：科学出版社，2016.

[7] 刘磊. 内蒙古植物资源分类彩色图谱［M］. 呼和浩特：内蒙古大学出版社，2015.

[8] 曹瑞. 内蒙古常见植物图鉴［M］. 北京：高等教育出版社，2017.

[9] 刘全，王鸿喆. 西北农牧交错带常见植物图谱［M］. 北京：科学出版社，2012.

[10] 程积民，朱仁斌. 中国黄土高原常见植物图鉴［M］. 北京：科学出版社，2012.

[11] 叶创兴，廖文波，戴水莲，等. 植物学（系统分类部分）［M］. 广州：中山大学出版社，2000.

[12] 陆战远. 中国北方农牧交错带生态农业产业化发展研究［M］. 北京：中国农业出版社，2016.

[13] 陈海，赵云龙. 中国北方农牧交错带生态——生产范式区划及建设研究［M］. 北京：中国农业出版社，2005.

[14] 李博. 持续草地畜牧业的发展［M］. 北京：中国科学出版社，1993.

[15] 中国农业科学院《中国种植业区划》编写组. 中国种植业区划［M］. 北京：农业出版社，1984.

[16] 孙芳，丁满臣. 中国农牧交错带现代农牧业经营模式研究［M］. 北京：中国农业出版社，2011.

[17] 韩建国，孙启忠，马春晖，等. 农牧交错带农牧业可持续发展技术［M］. 北京：化学工业出版社，2004.

[18] 陈超. 华北农牧交错带外来植物入侵状况和入侵机制探讨［D］. 北京：中国农业大学，2013.

[19] 秦立刚. 农牧交错带生态系统服务功能及区域气候对下垫面变化响应机制研究［D］. 北京：中国农业大学，2014.

[20] 叶佳琦. 北方农牧交错带的界定及其区域分异规律研究［D］. 呼和浩特：内蒙古大学，2019.

[21] 杨月娟. 基于草地—耕地转换的农牧交错带生态系统服务价值评估研究［D］. 北京：中国农业大学，2019.

［22］ 刘良梧，周建民，刘多森. 农牧交错带不同利用方式下草原土壤的变化［J］. 土壤，1998（5）：225-229.

［23］ 车晋滇，索宗芬，杨宝珍，等. 河北省坝上农田杂草种类及其危害研究［J］. 杂草科学，2000（04）：9-11.

［24］ 陈全功，张剑，杨丽娜. 基于GIS的中国农牧交错带的计算和模拟［J］. 兰州大学学报（自然科学版），2007，43（5）：24-28.

［25］ 何立环，董贵华，王伟民，等. 中国北方农牧交错带2000—2010年生态环境状况分析［J］. 中国环境监测，2014，30（5）：63-68.

［26］ 袁宏霞，乌兰图雅，郝强. 北方农牧交错带界定的研究进展［J］. 内蒙古林业科技，2014，40（2）：38-43.

［27］ 史德宽. 农牧交错带在持续发展战略中的特殊地位［J］. 草地学报，1999（1）：17-21.

［28］ 王静爱，史培军. 论内蒙古农牧交错地带土地资源利用及区域发展战略［J］. 地域研究与开发，1988，7（1）：24-28.

［29］ 赵哈林，赵学勇，张铜会，等. 北方农牧交错带的地理界定及其生态问题［J］. 地球科学进展，2002（5）：739-747.

［30］ 赵哈林，周瑞莲，张铜会，等. 我国北方农牧交错带的草地植被类型、特征及其生态问题［J］. 中国草地，2003（3）：2-9.

［31］ 赵松乔. 察北、察盟及锡盟——一个农牧过渡地区的经济地理调查［J］. 地理学报，1953（1）：43-60.

［32］ 朱震达，刘恕，杨有林. 试论中国北方农牧交错地区沙漠化土地整治的可能性和现实性［J］. 地理科学，1984（3）：197-206.

［33］ 李世奎，王石立. 中国北部半干旱地区农牧气候界线探讨［M］. 中国自然资源研究会. 中国干旱半干旱地区自然资源研究. 北京：科学出版社，1988.

附录一　中文名索引
Index of Chinese Names

附录二　拉丁名及中文名分科索引

Index of Latin and Chinese Names in Families

8. 苋科 Amaranthaceae

9. 毛茛科 Ranunculaceae

10. 罂粟科 Papaveraceae

11. 十字花科 Brassicaceae

12. 景天科 Crassulaceae

13. 虎耳草科 Saxifragaceae

14. 蔷薇科 Rosaceae

45. 菊科 Compositae

51. 香蒲科 Typhaceae

52. 莎草科 Cyperaceae